2024年重庆市教育委员会人文社会科学研究规划项目《乡村振兴背景下重庆地区民俗舞蹈助力艺术乡建的路径研究》（项目编号：24SKGH286）

艺术乡建策略研究

文 豪　蔡传平　潘 飞◎著

文化发展出版社
Cultural Development Press
·北京·

图书在版编目（CIP）数据

艺术乡建策略研究 / 文豪，蔡传平，潘飞著．
北京 ：文化发展出版社，2024．12．-- ISBN 978-7
-5142-4597-4

Ⅰ．TU982.29；F320.3

中国国家版本馆 CIP 数据核字第 2025A8Y713 号

艺术乡建策略研究

文 豪　蔡传平　潘 飞　著

责任编辑：岳智勇　　责任校对：侯　娜

责任印制：邓辉明　　封面设计：张秋艳

出版发行：文化发展出版社（北京市翠微路 2 号　邮编：100036）

网　　址：www.wenhuafazhan.com

经　　销：全国新华书店

印　　刷：天津和萱印刷有限公司

开　　本：710mm × 1000mm　1/16

字　　数：210 千字

印　　张：10.5

版　　次：2025 年 6 月第 1 版

印　　次：2025 年 6 月第 1 次印刷

定　　价：72.00 元

I S B N：978-7-5142-4597-4

◆ 如有印装质量问题，请电话联系：010-58484999

前　言

乡村振兴有助于实现城乡的协同发展与农村的现代化，这一事业不仅关乎农村经济的增长，还涉及农民收入的提升和农村社会的全面进步。在此背景下，艺术乡建作为一种新型乡村建设模式，正逐渐成为促进高质量人居环境发展的重要参考和实践路径。艺术乡建注重将文化与艺术融入乡村的各个方面，通过艺术创作与乡村环境的结合提升乡村的整体美观度，增强村民的文化自信与归属感。这一模式不仅有助于保护和传承地方的传统文化，还为乡村发展注入了新的活力。艺术作品的引入能够使乡村营造出一定的文化氛围，促进村民之间的互动与合作，增强地域凝聚力。在全面推进乡村振兴战略实施的背景下，艺术乡建的实践能够有效促进乡村地区文化艺术的复兴，同时提升村民的文明素养。通过艺术这一媒介，乡村能够重新审视自身的文化资源，挖掘历史与自然的独特魅力，通过举办艺术节、文化展览等活动吸引游客前来，从而推动地方经济的发展，提高村民的收入，为社会的全面进步创造良好的条件。中国艺术乡建的发展历程可分为两条主要脉络。一是 20 世纪以梁漱溟和晏阳初为代表的文化思想脉络。在 20 世纪 20 年代和 30 年代，许多知识分子因救国理想而自发推动乡村建设运动，旨在复兴乡村经济，实现民族自救。这些“自下而上”的教育实践共同勾勒出了我国早期乡建运动的全景。二是从博伊斯的“社会雕塑”到伯瑞奥德的“关系美学”的艺术脉络。21 世纪初，艺术家将关注点转移至乡村，通过艺术介入乡村建设的各项事务，重新审视乡村文化，旨在为那些落后、缺乏活力的乡村注入新的生命力。艺术乡建作为一种新型城乡发展模式，正受到越来越多学者的重视，其在高质量人居环境建设方面的赋能作用日益显著。这种模式不仅能促进艺术的发展，更能利用艺术的力量促进乡村社会结构和经济形式的深度变革。艺术与乡村的结合使乡村不再是农田和房屋简单堆砌成的空间，而是一个充满创意与文化的生活空间。

在实践层面，艺术乡建重塑了乡村的业态，通过引入艺术创意，激发了村民的内生动力，使他们在参与乡村建设的过程中发现新的经济增长点和生活方式。此外，艺术乡建还提升了乡村管理水平，使村民自治、文化培育与生态保护相结合，形成了一个和谐、可持续发展的乡村生态系统。

本书题目为艺术乡建策略研究。第一章为艺术乡建概述，分为五个部分，依次是艺术乡建的内涵、艺术乡建的演变、艺术乡建的发展思路、艺术乡建的必要性和相关理论、艺术与乡村的联系；第二章为艺术乡建的模式分析，分为三个部分，依次是以艺术家为主体的艺术乡建模式、地方政府与艺术家合作的艺术节模式、艺术院校项目实践模式；第三章为艺术助力乡村建设的形式，分为四个部分，依次是书院文化打造、“家文化”打造、艺术集市构建、乡村品牌建设；第四章为乡村建筑设计助力艺术乡建，分为三个部分，依次是乡村建筑设计概述、乡村建筑设计的过程、乡村建筑设计的原则和策略；第五章为民俗舞蹈助力艺术乡建——以重庆地区为例，分为四个部分，依次是重庆地区民俗舞蹈的内容与价值、重庆地区民俗舞蹈助力艺术乡建的困境、重庆地区民俗舞蹈的保护与传承、重庆地区民俗舞蹈助力艺术乡建的路径。

在撰写本书的过程中，笔者参考了大量的学术文献，得到了许多学者的帮助，在此表示真诚感谢。本书内容系统全面，论述条理清晰、深入浅出，但由于笔者水平有限，书中难免有疏漏之处，希望广大同行及时指正。

文豪

2024 年 7 月

目 录

第一章　艺术乡建概述

艺术乡村建设作为乡村振兴的手段，能优化传统乡村空间布局，美化乡村风貌，提升村民的生活品质。本章为艺术乡建概述，分为五个部分，依次是艺术乡建的内涵、艺术乡建的演变、艺术乡建的发展思路、艺术乡建的必要性和相关理论、艺术与乡村的联系。

第一节　艺术乡建的内涵

乡村建设在中国出现的时间可以追溯到二十世纪二三十年代。当时，以梁漱溟和晏阳初等为代表的一批学者发起了一系列旨在改善乡村面貌的建设运动。这些早期的建设运动为后来的乡村发展奠定了基础。随着时间的推移，乡村建设的内涵和形式也在不断发生变化。进入二十一世纪以后，一些学者开始关注艺术在乡村建设中的潜在作用。这种新的视角为乡村建设注入了新的活力，艺术介入新型乡建的活动在国内逐渐兴起。如今，“艺术乡建”已成为当代中国乡村振兴战略不可或缺的组成部分。

一、艺术乡建的定义

艺术乡建是一种具有创新性特点的乡村振兴理念，旨在通过尊重和守护乡村的本土文化，运用适宜的艺术手段，逐步推动传统乡村的复兴；其核心在于通过艺术的介入，为乡村注入新的活力，逐渐修复失去生机的乡村文化。艺术乡建不仅仅是满足人们基本的生活需求或实现经济增长的途径，它强调尊重乡村的独特文化和当地居民的生活方式。艺术乡建的成功不仅依赖艺术家的创作与表达，更在于与当地村民的深入互动与合作。通过鼓励多方主体参与，艺术乡建能够汇聚不同的声音与力量，共同描绘出一幅充满活力与希望的乡村振兴蓝图。

二、艺术乡建的特点

艺术乡建作为一种新兴的乡村建设模式，在评价标准、参与主体和建设模式等方面具有独特性。

首先，艺术乡建倡导综合性的评价标准，它不仅关注经济效益，还重视文化传承、生态保护和社会福祉。通过创意和艺术的介入，艺术乡建能够激发乡村的文化活力，提升村民的生活质量，增强凝聚力。这种全面的评价体系的建立有助于实现乡村的可持续发展。

其次，艺术乡建强调多主体共建，鼓励政府、艺术家、村民及社会组织等共同参与。这种多元主体协作机制可以有效整合各种资源和意见，形成更具包容性的乡村建设方案。通过广泛的参与，艺术乡建能够更好地反映当地村民的需求和愿望，增强项目的可行性。

最后，艺术乡建强调建设模式的多元化和灵活性，遵循因地制宜、循序渐进的原则。它倡导根据乡村的文化、历史和自然环境进行有针对性的建设，通过小规模、渐进式的项目来提升乡村的吸引力与活力。这种方法能够更好地保护和发展乡村的独特性，避免千村一面的问题。

三、艺术乡建的影响

通过开展艺术和文化活动，乡村能够吸引来自城市的艺术家、游客和投资者的目光。艺术装置、文化节、艺术展览活动等不仅丰富了村民的文化生活，还通过媒体传播增强了乡村的可见性。这样的关注不仅体现在经济的支持上，还体现在社会资源的倾斜上，地方政府、非政府组织及社会企业都在乡村的发展过程中投入了更多的资源。

艺术乡建通过吸引艺术家和人才回归乡村，创造了新的就业机会和经济增长点，从而有效缓解了乡村“空心化”的问题。许多艺术家选择在乡村开展创作，这带动了当地的旅游业、手工制造业和服务业的发展，不仅提升了乡村的经济活力，也激活了乡村的社区凝聚力，使得村民重新认识到自身的价值与重要性，增强了村民留在乡村发展的意愿。

乡村文化往往被部分人视为“落后”和“保守”的文化，艺术乡建通过艺术介入，重新定义了乡村文化的价值。例如，现代艺术结合乡村的传统手工艺、民俗活动可创造出具有地方特色的文化产品，这不仅能提升乡村文化的吸引力，也能使外界重新认识乡村文化。通过艺术的介入，乡村文化不再是被忽视的对象，而是被欣赏和珍视的文化遗产。

第二节　艺术乡建的演变

中国艺术家凭借敏锐的洞察力，基于乡村振兴的大背景，深入乡村观察村民的生活，积累经验并进行了创作。他们通过构建符合乡村情境的社会场景，使艺术逐步融入乡村，形成了多样化的在地艺术乡建形式。一些思想开放的艺术家还在乡村探索艺术对社会的回馈和对乡建的启蒙。基于此，逐渐形成的乡村新发展模式反映了艺术与乡村的多重关系及艺术家对艺术的社会功能的理解。

一、基于创作需求的艺术家进入乡村

在20世纪早期，我国乡村地区迎来了一场由社会精英发起的“改良式”乡建运动。在这场运动中，知识分子致力于通过教育丰富乡村文化，以期对乡村进行深度改造，从而优化社会结构。这一运动的重要参与人包括大名鼎鼎的学者梁漱溟、晏阳初等。20世纪中后期，全球文化形式更加多元化，艺术如何介入乡村建设逐渐成为政府、学者与艺术家关注的热点话题，讨论频率显著上升。而在过去的十多年中，艺术乡建在国内逐渐成为一种发展趋势，尤其是在乡村振兴战略的推动下，艺术乡建成为当前乡村建设实践中备受瞩目的模式。乡村美术馆的迅速发展某种程度上可以看作“艺术”与“乡土”建立起的一种紧密联系，而宋庄美术馆正是这一理念的典型代表。当前，不少艺术家都将在适宜的乡村安居视为一种理想的生活方式。这种文化现象催生出一个被称为“初期创造”的艺术家群体，他们在乡村中不断探索与实践新的艺术形式与创作理念。在艺术家的心中，乡村往往被看作比城市更自由与开放的空间。这种自由与开放不仅激发了他们的创作灵感，也为他们实现自我价值提供了无限的可能。这也是早期艺术家积极参与乡村建设的一个重要原因。在这个阶段，艺术与乡村的关系尚不紧密，乡村成了艺术家生活与创作的地理背景。在这样的环境中，艺术家能够摆脱城市的喧嚣与束缚，找到属于自己的创作天地。在精神层面，艺术家对乡村的向往仍然强调个人的艺术探索与本体性。艺术创作不仅是对外部环境的反馈，更是艺术家内心世界的真实写照。因此，许多艺术乡建活动更关注艺术家个人的生活状态和创作需求，而这一点直接反映了他们的外来身份。这种身份的外在表现不仅体现在艺术家对乡村生活的观察与体验上，也体现在艺术家对自身艺术追求的深刻反思上。然而，外来身份的介入也暗示了艺术家在乡村发展过程中的潜在困境。尽管艺术家的创作为乡村带来了新的活力，但在某种程度上也揭示了他们不位于乡村主体

地位上。这一现象表明，乡村的发展过程可能并不存在艺术创作所需的元素，换句话说，乡村在艺术家介入之前往往缺乏相应的艺术氛围与文化积淀。唯有经过艺术家的创作与干预，乡村才能展现出新的艺术价值与文化意义。因此，艺术家在乡村的创作不仅仅是个人表达的延伸，更是对当地文化与环境的深度介入。这种介入虽然丰富了乡村的艺术内涵，但也引发了人们对乡村自主发展能力的思考：乡村是否能在艺术家的帮助下逐步形成独特的艺术生态？这样的反思使人们对艺术家与乡村的关系有了更为深刻的理解，也为未来乡村地区艺术的发展指明了方向。

二、基于社会实践的艺术活动进入乡村

在乡村振兴背景下，艺术家对艺术与艺术的交流及其与社会之间的关系有了更深刻的理解。他们逐渐意识到了“高知群体下乡”的社会价值，这一认识促使越来越多的艺术家走进乡村，参与乡村建设。自推出许村计划以来，艺术家的乡村之旅就不曾消失，景迈山村庄计划、碧山计划、甘肃的石节子画廊等项目，都是这一趋势的缩影。此外，各地相继举办的“乡村艺术季”“乡村双年展”“乡村艺术展览”“乡村艺术论坛”也为乡村带来了越来越多的艺术活动及与其他地区交流的机会。在这样的背景下，乡村不仅成了当代艺术保持前卫特征的场所，也是艺术家进行社会反思的重要实践基地。艺术家欧宁与左靖在考察碧山村的过程中感受到了这里独特的吸引力：既有迷人的自然风景，又保留了丰富的传统文化和强大的家族力量。然而，当时的碧山村旅游发展模式未能充分考虑自然生态保护与可持续发展，同时也缺乏对传统农业文化的传承与复兴。这一局面导致乡村建设的参与者失去了较高的积极性。为了应对这些挑战，碧山村决定展开艺术介入活动，从而孕育出了碧山计划。该计划旨在从文化和艺术的角度推动乡村发展，关注经济与社会的整体建设，力求建立一个“碧山共同体”。碧山计划通过建筑保护、文化艺术及论坛研讨等形式，将这个鲜为人知的江南村落打造成了艺术介入乡村建设的重要实验基地，提升了该村的知名度。

三、基于文化需要的艺术节融入乡村

从供需两方面进行分析可以发现，以“艺术入乡”为切入点，围绕“供需”展开的艺术介入与现代艺术乡建的“乡村建设”实践是相辅相成的。这种艺术介入是在乡村振兴战略的引导下，提升乡村公共文化服务水平，满足村民文化生活

需求的具体方式。值得注意的是，这一过程常常由村民自发组织的社会团体推动，基于对公共利益的重视进行探索。与现代艺术常见的外在复制和西方实验式的干预方式不同，这一时期的艺术介入更倾向于从供需关系的角度出发，深入乡村文化建设之中。通过传统戏曲、民间舞蹈、民间武术及手工艺等民间艺术形式的节庆活动，艺术介入不仅丰富了乡村的文化，也满足了村民对文化传承的内在需求。例如，羊磴艺术合作社主要开发民间木艺，它融合了当地自然风光和日常生活素材，将艺术融入了村民的生活中。通过组织民间舞蹈和文艺表演，该合作社不仅传播了羊磴镇的文化，也帮助村民发现了自身的艺术潜力，从而增强了他们的文化认同感。此外，舞蹈、手工艺品及传统婚丧嫁娶等民间艺术在乡村振兴过程中展现出了独特的价值，吸引了众多艺术家前来寻找更为直接和生动的艺术表达。伴随着乡村振兴战略的推进，艺术乡建的实践者以其独特的美学理念积极介入乡村建设，助力文化复兴。

第三节 艺术乡建的发展思路

一、把握乡村发展的规律

在我国的现代化发展和经济社会发展过程中，乡村是传统文化的重要载体，艺术介入可以激活乡村的文化资源，推动乡村经济的多元化发展，改善乡村的人居环境和公共空间。艺术介入乡村建设往往寄托了人们对美好生活的向往，但在实际操作中，可能由于各类复杂的社会问题，如经济不够发达、教育水平低下等，导致人们的理想难以实现，形成乌托邦式的幻想，因此许多学者对此存疑。

乡村是人与自然和谐共生的多重空间，它在我国现代化发展过程中经历了一个从衰败到复兴的过程。我们坚信，未来的乡村将走向一个诗意的境界，而艺术化是推动乡村发展的必由之路，是“乡村未来的最高境界”。

为了解答这一问题，人们不仅要把艺术乡建放在更为广泛的社会背景中进行审视，还要回顾历史的发展进程，以洞察社会的演变趋势。凭借一些基本的历史常识，人们便能发现乡村艺术化发展的必然性这一客观事实。在社会发展早期，艺术与手工艺紧密相连，几乎呈现出一体化的状态。然而，那时的艺术却大多是王公贵族等少数人的专享资源，与普通百姓的日常生活关系不大。文艺复兴时期，艺术逐渐从手工艺中独立出来，成为追求美的独特方式。这一时期，艺术家从过去的工匠身份转变为有尊严的学者，他们开始享有更高的社会地位。然而，随着工业革命的到来，机器生产的兴起使得艺术与传统手工艺的关系越来越疏远。有人甚至认为这种现象会“毁灭艺术，摧残劳动者”。在历史的演变过程中，这种变化可以被视为对以往艺术形式的一种否定。

例如，18 世纪 60 年代，乡村风光逐渐成为英国文化的象征。19 世纪 80 年代，艺术与手工艺运动在英国蓬勃发展，促使艺术与手工艺相融合，将艺术融入了人们的日常生活之中。在工艺美术运动的代表人物威廉·莫里斯的理想社会中，与生活分离的艺术已经不复存在，艺术已经成为每一个生产者的劳动的必要组成部分。[①]20 世纪 70 年代，审美成为后工业社会发展的主要原因，人们开始追求生活的质量。20 世纪 80 年代，艺术融入人们日常生活当中。21 世纪，发达国家进入审美资本主义化阶段，体验经济兴起，品味的问题涉及整个工业文明的前途和命运。[②] 从历史发展的轨迹中人们可以看出工业化初期、工业化中后期、后工业社会的阶段性变化，与此相对应的人们的艺术化追求是艺术与手工结合、艺术与科技结合的结果。

在艺术介入乡村建设的讨论中，绕不开的一个问题便是“空心化”现象。这一问题不仅存在于我国，甚至被视为一个全球性难题。人们应当从动态的角度出发，深入分析这一现象背后的规律。

按照城市发展的普遍规律，当城镇化率突破 50% 时，乡村就会面临衰落与复兴的重要转折。在这一节点之后，乡村会逐步发展完善。历史证明，乡村在现代化的进程中，必须经历痛苦的转型与重生，这种现象在发达国家中表现得尤为明显。法国社会学家孟德拉斯在 1984 年出版他的经典著作《农民的终结》时，曾专门分析过法国乡村社会所经历的复兴历程。当下，发达国家的乡村普遍呈现欣欣向荣的面貌。在中国，新时代的农业和乡村发展取得了显著的历史性成就，乡村振兴战略的实施标志着广大乡村已经开始进入复兴阶段。“三农”（农业、农村、农民）工作的重心正在进行历史性的转变，逐渐向全面推进乡村振兴战略的方向迈进。

乡村不仅是农业生产的基地，也是文化传承、生态保护和社会治理的重要场所。乡村地区拥有丰富的自然资源和良好的生态环境，有人类生存所需的水源、空气和土壤等基础物质；乡村是传统文化、民俗活动和村民价值观的载体，它承

---

① 莫里斯．乌有乡消息[M]．黄嘉德，包玉珂，译．北京：商务印书馆，1981.

② 阿苏利．审美资本主义：品味的工业化[M]．黄琰，译．上海：华东师范大学出版社，2013.

载着民族的历史与记忆；村民通常拥有紧密的社会网络，在资源共享、互助支持等方面拥有独特的优势。美国著名城市规划理念家刘易斯·芒福德也说，城与乡同等重要，如果问城市与乡村哪一个更重要的话，那么自然环境比人工环境更重要。① 乡村建设不仅是时代发展的必然要求，更是实现社会可持续发展的重要途径。

近年来，国内艺术介入乡村建设的现象越来越多，形式也越来越丰富。首先，各种艺术形式，如绘画、雕塑、舞蹈和音乐等，开始相互融合，形成了一种协同发展的趋势。使用这些艺术形式的艺术家通过互动与合作，创造出了赋予乡村文化新活力的艺术作品。其次，现代艺术、传统艺术与民间艺术的结合，形成了一幅美丽的画面。在乡村的广袤土地上，各种艺术形式交相辉映，既有现代艺术家的创新理念，也有传统民间艺术的深厚底蕴。最后，艺术正在不断渗透进乡村社会的各个角落，激活了曾经“沉睡”的资源。通过艺术活动的开展，乡村的自然风光、历史遗址和人文资源得到了更多关注与利用，促进了乡村旅游业的发展，提高了地方的经济水平。在这一过程中，乡村的独特价值逐渐显现，乡村的韵味被重新挖掘出来进行展示，让人们看到了乡村的美丽之处。随着艺术介入的不断深化，艺术乡村开始从单点发展到群体，逐步形成遍布各地的艺术乡村群落。在这一波艺术热潮中，村民不仅是艺术活动的参与者，更是乡村文化的传播者与创作者，他们将自身的生活体验与艺术创作结合起来，成了推动乡村发展的重要力量。

从更为深刻的角度来看，艺术是人类精神发展需求的体现，人的全面发展与艺术密切相关。人的发展是全面和谐、自由充分的，它需要物质基础，同时也追求精神。随着人们物质需求逐步被满足，人们的精神需求逐渐显现出来。根据马斯洛需求层次理论，当生理、安全、社会和尊重等基本需求得到满足后，自我实现的需求（包括审美和认知）就会开始凸显。美国的《艺术教育国家标准》指出，一个没有艺术的社会和民族是不可想象的。正如没有空气人便不能呼吸，没有艺术的社会和民族无法生存。② 其实，德国美学家席勒曾在他的《审美教育书简》中写道，只有当人是完整意义上的人时，他才能游戏；而只有当人在游戏时，他才是完整的人。③

艺术乡建作为一种历史必然性产物，有着深厚的文化积淀和较强的社会责任

① 严瑞珍，罗丹，孔祥智，等．未来十年农业农村发展展望[M]．北京：中国农业出版社，2014．

② 陈旭光．艺术问题[M]．上海：上海三联书店，2012．

③ 席勒．席勒美学文集[M]．张玉能，编译．北京：人民出版社，2011．

感。它不仅是社会建设的目标，还是一个不断发展的过程。作为一个目标，艺术乡建会具体到特定的乡村，这个目标可以很遥远，也可以非常近，但无论相距远近，艺术乡建的理念与目标始终一致，都是为了促进乡村的可持续发展和文化传承。同时，作为一个不断发展的过程，艺术乡建必然受到特定主客观条件的影响。在不同的历史条件和地理环境下，各乡村的发展进程自然各有不同，因此，人们无法保证所有乡村在同一时间、以同样的步伐向前迈进。这种差异性反映了各地区在经济、文化、社会乃至生态方面的多样性，揭示了乡村建设的复杂性与独特性。此外，艺术乡建是一种充满创意的表达形式。在新时代背景下，人们必须将乡村振兴作为根本前提，并将艺术融入乡村振兴的各个方面。无论是在经济发展、文化传承中，还是在生态保护等领域，艺术都应发挥其独特的作用，推动乡村的全面发展。

二、艺术家介入乡村建设

（一）艺术家需要考虑的因素

艺术乡建要以乡村为主体，采用以人为本的建设方式，再根据上述三个发展阶段进行建设落实。所以这里将乡村这个综合体分成三个主体：村民、乡村特色文化、乡村地域环境。从艺术家介入的过程来看，村民是艺术家介入的起始阶段，乡村特色文化是艺术家进行创作的构思及内涵注入阶段，乡村地域环境对应的是作品落地阶段。

其中，村民指的是生活在乡村中的居民，包括小孩、老人、农民、村干部等，艺术家要了解他们的生活、文化理解、需求意愿，从而用他们可以接受、理解的，以及能够改善他们的生活、解决他们的问题的办法来创作。乡村特色文化指的是地方的特色活动和风俗习惯，这本就是一种地方专属文化。艺术家需深入了解、保留其文化内涵，并通过富有创意的形式展现出来，传播出去。乡村地域环境指的乡村的地形结构、基础设施分布及建筑结构。

以下主要分出三组关系：艺术家与村民、艺术家与乡村特色文化、艺术家与乡村地域环境。每一组关系都由不同的小点组成，要先理清楚艺术家和这些因素的关系。

1. 艺术家与村民

村民是乡村最关键的一部分，是乡村建设的主体，所以艺术家对于村民的了解至关重要。然而，村民对艺术的理解与艺术家是完全不同的，如何让村民能够理解艺术，并使其在艺术家的作品中看到自己的影子，这是一个值得思考的问题。

（1）生活

艺术家了解村民最好的方式就是和他们生活一段时间，体验他们的工作和生活起居。由于艺术家大多是城市里受过教育的人，一般不了解村民的文化，而艺术介入的基础又是了解原有文化，所以艺术家需要深入观察并理解村民是如何处理日常事务的，在这一过程中需注意以下两点。其一，村民是乡村的主体，艺术家介入他们的生活中时，不能阻碍或破坏他们的生活，以免引起矛盾，并且艺术家不可侵犯村民的财产；其二，艺术家应该发现一些存在于村民生活中的细微文化。总体而言，融入村民生活实际上是艺术家与他们交流并对他们进行深入了解的方式。

（2）文化理解

在乡村土生土长的村民受教育程度可能不高，那么为什么要考虑对村民的教育？上文也提到了艺术的教化作用，它可以以体验式教育的形式，令村民潜移默化地接受新的文化思想，当然，村民对于艺术的感知可能也受他们自身文化教育的影响，这就体现了村民一同参与的重要性。如果单纯由艺术家来观察村民并进行艺术创作，产出的艺术作品是无法让村民理解的，因为这是艺术家眼中的村民，而当村民一同参与到作品构思和创作中时，两者观点就会发生碰撞，艺术家可以在这个过程中了解村民对文化的理解，观察村民如何思考艺术家在思考的问题。通过村民的参与，结合村民的文化理解，艺术家产出的艺术作品才可以代表村民。

（3）需求意愿

通过了解村民的需求意愿，艺术家能够更准确地判断出村民的物质需求和精神需求。因为艺术家和村民的生活观念及所处的文化环境往往有很大差异，所以村民不一定能顺利接受艺术家所说的艺术。但是，通过了解他们在生活中的问题，艺术家能用可以被村民接受的、艺术的方式来解决村民的问题，从而可以调动他们参与的积极性。

2. 艺术家与乡村特色文化

文化是艺术家灵感的重要来源，应该是艺术家关注的重点，也是新文化结合传统文化使其吸引外界关注的关键。乡村特色文化其实包括很多方面，如礼节、饮食、建筑、历史、产业、民间工艺、节日习俗等，本书主要指的是乡村非物质文化及乡村的历史和故事。艺术能够介入乡村的地方故事、产业文化、民间文化产物、节日习俗活动中。在不同的地域环境下，乡村非物质文化都是独有的，很少会出现雷同现象，但是在城镇化的影响下，这些非物质文化正在消亡，导致大多数城镇人对非物质文化并不了解。一般情况下，对非物质文化的保护措施是建立博物馆，将其保存展示，这样虽然可以起到保护作用，却不一定能让这种文化传播出去让更多的人了解，久而久之这些文化也会消失。当然，如今并不是说每个乡村都拥有非物质文化，但是能够存活至今的乡村肯定有一些农业产业文化或历史故事。

（1）地方故事

地方故事是每个地方都有的，包括地方的发展过程及一些有趣的传说等，这是一种看不见的文化，每个地区都不同。艺术家在了解乡村发展的过程中可以进行艺术创作，从而创作出一种可以营造地方氛围、叙述地方故事的艺术作品。这种艺术作品本身就具备地方特色，可以让外界了解地方主题和地方的发展。

（2）产业文化

乡村的产业文化主要是指地方赖以生存的农业文化。农业文化的结构会受地理因素的影响。一般乡村的农业都是因地制宜形成的，广义的农业是指“农林牧副渔”这五业，每个地区的农业都有所侧重，如靠海的地方以渔业为主，草原辽阔的地方则重视畜牧业等。地域环境的区别造就了不同的农业文化，包括农业作物、农业用具和养殖种植办法等，这是当地赖以生存的基础。

（3）民间文化产物

民间文化产物是一种地方特色文化，它不仅展示着当地的人文特色，还是一种作用于大众生活的乡村艺术，它代表着劳动者的物质创造成果和精神创造成果。民间文化产物并不是为了体现技艺的高超或作品的贵重的，而是为了体现乡村生活。从作用来看，我国民间工艺有三种作用：作为日常生活用品（服饰鞋帽、器皿、家具、雨伞、扇子、帘子等）、装饰与美化环境（木版年画、剪纸、房间装饰品、挂饰等）、体现节令风俗（春节的年画、门神、春联等，元宵节的灯彩，清明节的风筝，端午节的龙船、彩粽、香包等）。当地用于娱乐的精神文化产物，如乡村音乐、舞蹈等，是村民对养育他们的生活环境怀揣着敬意的一种表现，也是艺术家进行艺术创作的一个切入点。民间文化产物以歌颂生活为主，是当地人民的精神文化结晶，可以用于艺术创作中。

（4）节日习俗活动

艺术创作不仅对乡村节日习俗起到了很好的辅助作用，增添了节日氛围，还能创造节日。这种节日不只属于村民，主要指的是村民和外地人一起过的节日。艺术成了连接外界和乡村的纽带，再加上艺术氛围的渲染，让乡村受到了更多关注。

3. 艺术家与乡村地域环境

艺术家在考察乡村地域环境的时候，主要应该考虑艺术创作如何落地，如何结合地形、村内设施分布和建筑构造进行艺术创作，还要在不改变原始建筑特色的基础上考虑如何使环境与艺术巧妙结合。这里艺术家要考虑的乡村地域环境因素主要有三类：其一，地形结构，即了解乡村的整体地貌与不同地形；其二，基础设施分布，艺术不可影响乡村基础设施发挥作用，艺术要为基础设施提供外观美化服务；其三，建筑结构，要在不改变原本建筑特色的基础上进行环境艺术融合。

（1）地形结构

我国地形多样，主要分为东部平原、中央高原、西部高原和南部山地。自然资源差异使得乡村地区的艺术有了多样化发展的可能性，地形差异使各地区产生了不同的历史文化，也为乡村提供了丰富的旅游资源。了解和尊重这些地形特征，不仅能够促进乡村的艺术发展，也能推动生态保护与文化传承，实现可持续发展。

（2）建筑设施分布

受地形影响，乡村的建筑设施往往根据地形来布局，而且这些建筑设施之间还存在大量的公共空间，建筑设施分布不同，公共空间的分布也会不同。平原地区地势较为平坦，拥有相对较少自然障碍，交通更为便利，便于人类活动和建设。由于农业的集中与便利的交通，平原地区通常人口密度较高，聚落分布相对密集，多呈现线性或网状分布，主要沿着河流或交通干线发展。丘陵地区起伏较大、地形复杂，往往拥有较为丰富的植被和多样化的土壤类型，由于地形限制，聚落往往较为分散，容易形成小规模的村庄，聚落之间的距离相对较远。许多聚落往往沿着丘陵的坡地分布，通常利用地形优势进行水土保持和农业生产。河谷地带地形狭窄，河流沿岸的土地可利用率较低，但水资源丰富，聚落多呈线性分布，主要集中在河流两岸，依赖河流灌溉农田和出行。在这种条件下，人类聚落和经济活动的核心区一般都分布在重要的交通通道附近。我国乡村设施分布多种多样，在考虑艺术作品放置位置时应将其与地形结构一起考虑，以寻找适合放置艺术作品的空间位置。

（3）乡土建筑

我国的乡土建筑多种多样，如徽派建筑、皖南民居、东北民居、吊脚楼等，形态各异，各有各的风格，它们本身就是一大景观。这种景观本身就可以吸引大量的游客，艺术家可以把当地的建筑元素作为参考和灵感来源，将艺术作品安置在建筑附近或者其他与建筑有关联的位置，与建筑融为一体，相互呼应，但不可改变或损坏原有建筑。

（二）艺术家介入乡村建设的路径

艺术家通过艺术介入乡村建设并不是毫无限制的自我表现，也不是一种环境设计。在乡村建设的语境下，艺术家的介入和艺术的表现是需要受到乡村条件限制的，其中包括与村民的沟通和乡村文化价值的表现。艺术家可以此来实现艺术的成功介入并使艺术在乡村建设中发挥作用，从而创造新文化并推动乡村发展。

下面将从村民互动、文化关联、环境融合这三个方面为艺术家介入乡村建设的路径做出理论上的指导，对艺术家的介入路径做出总结。这三个方面具体内涵如下：村民互动是指融入村民生活，与村民共同参与及相互交流沟通；文化关联主要指艺术家在当地进行艺术创作的灵感来源和切入口；环境融合主要指艺术与环境结合后的空间氛围。

1. 村民互动

艺术家要融入乡村生活，深入了解乡村，感受当地村民生活中存在的文化细节。艺术家需站在地方的角度对乡村进行改造，村民必须全程参与。在改造过程中，艺术家必须与当地村民合作，建立相互信任的关系，并一同协商讨论来决定选择何种艺术表现方式。可以将艺术家介入村民生活理解为介入乡村建设的前提。

在艺术家介入乡村建设的整个过程中，参与的人群不仅只有艺术家或外来精英，还有当地村民，并且当地村民在建设活动中是主要力量，因此，以人为本、公众参与原则至关最重要。首先，艺术家要丢弃精英主义思想，与村民一起探讨如何用艺术进行乡建和用什么艺术形式来乡建，将艺术乡建作为一个开放性的活动。其次，艺术家要融入乡村生活，与村民建立相互信任的关系，这一点不是短时间内可以做到的，而是需要艺术家循序渐进地开展，这样才能对村民有充分的了解，与村民沟通起来才能更顺利，然后将自己的观点站在村民的角度上传达给村民。最后，艺术家在向村民传达他们所不了解的艺术时，激发其兴趣是关键，只有激发兴趣才能提高村民参与的积极性，自上而下地指挥村民是无法让艺术乡建产生作用的。总结来说，村民互动需要遵循的原则就是三点：以人为本、公众参与原则，开放性原则，循序渐进原则。

第一，以人为本、公众参与原则。

事实上，在乡建活动中，村民是能给出关键意见的群体之一，村民参与是乡建活动成功的前提，村民发展也是乡建活动的目的之一。

由于村民也是具备创造力的，艺术乡建与乡村建设不同的地方是，它相信村民的创造力，而且艺术家和农民是合作的关系（这种合作是在对村民扶持的基础上进行的合作）。艺术乡建不用说教的方法，而是用一种体验的方法来建设乡村，村民在参与过程中也会受到艺术家和艺术的影响，并且艺术家拥有发现地方特有的一些元素和闪光点的能力，村民可能无法发现，但是村民在参与过程中与艺术家进行交流便能重新认识自己的乡村，这会使村民对自己生活的地方产生归属感和认同感。

艺术家作为外来人士，对乡村了解远没有村民多，村民可以站在乡村的角度给出一些乡村建设方面的意见，而艺术家则能够通过村民的见解和描述发现村民真正关心的是什么，并从中找到乡村特有的元素和闪光点。在这种思维相互碰撞的过程中，村民可以被艺术和自己的乡村文化感染，艺术家也可以逐渐理清思路，找到艺术乡建的正确方向。所以，让村民参与到建设活动中，可以充分发挥其主体作用，有效提高乡村建设的效率。

第二，开放性原则。

这里的开放性原则包括创作主题、艺术方式、参与人群、作品放置环境四个方面，艺术家在找寻创作元素和拟定创作主题的时候，不要局限于当地的历史文化和民间工艺，可以从乡村生活、当地传说、村民的精神文化等难以被人发现的方面入手，毕竟受地域环境影响的生活文化也是很有感染力的；对待当地的民间工艺也不要仅仅以保护的方式对待，民间工艺的由来和作用都可以体现当地特色，这些都是艺术家创作时的切入点。

开放性原则应该抹平不同艺术方式之间的界限，不要过于强调某种艺术方式，可以通过不同方式综合表现。在艺术乡建过程中，艺术家往往容易陷在自己的风格和艺术手法中，所以村民和志愿者等其他群体的参与就至关重要，他们可以打破这种局限，同时这种方式也可以培养村民参与公共事业的意识。作品可以放置在乡村的任何环境中，包括河流、岩石、森林、田野、废弃厂房等。

第三，循序渐进原则。

乡村建设本就是一个循序渐进的过程，切不可一蹴而就。在融入村民生活方面，艺术家在一开始介入时肯定无法获得村民的信任；对于村民，艺术家不应该以介入的态度来面对，而要以观察的态度来面对，这种观察不是通过看和话语上的交流来完成的，而是要与村民一同生活，设身处地地去感受村民的生活，将自己当成这个地方的一员，深入发掘乡村的问题及村民真正关注的方面。艺术家不仅要熟悉所建设的乡村的本土文化特色、村民的生产生活习惯，还不能简单停留在“保留特色”的层面，应在不扰乱村民固有生活状态的前提下引入外来的有趣艺术，引起村民的关注，逐渐让他们接受这些艺术。

在村民和艺术家共同参与艺术乡建的初始阶段，村民毕竟是没有受过艺术教育和培训的，艺术家要逐渐让村民了解艺术，同时又要听取村民的经验和意见，从小面积的创作开始介入。在这个过程中，交流沟通和互动是必不可少的，需要建立一种反复讨论、反复试验、反复改进的机制，激发村民的参与热情，促使更多的人参与建设活动，扩大艺术覆盖的区域。

2．文化关联

艺术家在乡村地区创作作品时，无论作品时哪种表现形式，一定要从乡村中寻找切入口，艺术家要站在乡村和村民的角度去创作作品并改造乡村。上述内容主要讲的是艺术家对村民生活的介入、公众参与、融入村民生活及引导村民参与等方面的内容。下面则主要讲艺术家对当地文化的介入，以及在介入村民生活的情况下将哪些文化元素作为灵感来源。

在创作构思这一阶段，如果想要让艺术创作被村民接受，艺术家就应该塑造符合村民价值观的作品。基于此，艺术家应当从当地寻找艺术创作要素，站在村民的角度以当地文化为创作基础。从现实角度来看，可以作为艺术创作灵感来源的方面有生活、需求意愿、历史发展故事、产业文化、民间文化产物等。本书将其概括成三个方面：生活元素（生活、需求意愿）、历史文化元素（历史发展故事）、地域文化产物（产业文化、民间文化产物）。

第一，生活元素。

艺术家融入村民生活的关键点在于跟随村民一同生活。若站在村民的生活角度，艺术家就可以发现村民在生活中的情感流露，这种情感包括很多方面，有对往日事物的记忆、对亲人的思念、对土地的敬意及村民日常的梦境与想象等。

不同的环境中有不同的村民情感，如废弃厂房、废弃学校、老旧住宅等，存在的情感是极其丰富的，艺术家要找的恰恰就是这些区域中存在的积极的、抽象的情感。村民自己往往不会注意到这种细节，但是艺术家可以发现这些看不到的元素，并将这种情感记录下来，通过自己的艺术思维来进一步放大。从村民的情感切入产出的创作可否打动村民，还需艺术家与村民沟通，但是以村民的情感为切入点是可以使村民与作品产生共鸣的开始，因为这是描述他们的内在精神的作品，而不是只停留于表面塑造的作品，这也是引起村民兴趣的一个切入点。当然，单从艺术家的表现来看，村民可能无法立马感受到其作品的内涵，这就需要村民与艺术家进行交流。

第二，历史文化元素。

乡村的历史文化包含着整个乡村的发展历史，以及历史中的文物、人物、事件、传说等。历史文化具有一定的故事性，因为是地方长期发展流传下来的，其本身就是当地特色。在大部分情况下，人们多以保存保护或是记载的方式对待这些历史文化，而站在艺术的角度看，将其与艺术有关的元素提取出来并使其与当今的艺术结合就可以创造一种新文化。这里的结合不仅可以从历史文化的象征意义上切入，还可以从历史文化发展切入。乡村历史文化在发展过程中肯定会受到周围环境的影响，这种特定的影响造就了这种特殊的文化产物，艺术家可以将这些特殊文化产物中的历史文化符号、局部意向、隐含意义、结构特征等元素提取出来，展示给人们。这种塑造历史文化的艺术创作可以加强村民对自己乡村的归属感和认同感，解决上文提到的受城镇化影响出现的特色文化流失等问题。

第三，地域文化产物。

我国地域辽阔，造就了丰富的地域文化。地域文化受自然环境影响，不同的环境会产生不同的地域文化，并形成独特的区域性特征。这里的地域文化包括产业文化、民间文化产物等。

具体分为两个方面，一方面是解决地方村民生活生存问题的农业产业，即产业文化的一部分，上文提到农业是指“农林牧副渔”这五业，但由于地域环境的差异，不同地域会侧重某一种产业，并且产业的差异性也可能会导致产业使用工具存在差异。艺术家通过对这种差异性特征的把握，以这种独特的产业文化为灵感来源，延伸到土地养育人类的一种情感变化上。另一方面指的是表现村民精神生活的民间文化产物（音乐、舞蹈、武术、剪纸、春联等），这属于一种地方精神文化产物，是当地村民创造力和智慧的表现。在这种产物中，其形态本身的元素和其发展由来的故事都可以作为艺术家创作的灵感来源，艺术家可以利用这些元素将地方塑造得更具特色。

3. 环境融合

艺术家介入地方环境不是指作品的放置，而是指艺术创作与地方环境相互融合所营造的艺术空间氛围。艺术家的创作元素和灵感都来自当地，艺术乡建中艺术表现的是乡村，而非艺术家本人，展示艺术作品的目的就是加强观众的体验感受，所以氛围的营造相当关键。

受地域环境和文化结构的影响，不同乡村在结构与布局上会有所不同，但是乡村的区域构成是基本相同的，分别是建筑设施区域、务农区域、公共区域和自然环境区域。其中，建筑设施区域包括居民住房、学校、厂房、仓库等，务农区域包括农田、养殖用地等，公共活动区域包括村口、道路、广场等，自然环境区域包括山地、森林、河流、湖泊等。

第一，建筑设施区域。

乡村的建筑设施区域一般根据地形结构布局，艺术介入可以通过相同方向的切入点来营造建筑区域整体氛围。由于建筑主要是给人居住或者使用的，建筑本身也是人为建造的，所以和人的日常生活有关。艺术家可以将村民生活作为切入口，将从村民生活中发现的情感元素和生活元素通过艺术表现手法添加在建筑的内外空间中。艺术的作用是将村民生活中的细节提炼出来，让人在面对这些艺术的时候，能够切身地感受到村民的生活状态。

本书将乡村的房屋建筑分为两种，即废弃的和未被废弃的。

首先，废弃的房屋建筑。由于城镇化的影响，乡村中的部分学校和厂房甚至住房可能已经没有人使用和居住了。在这种废弃空余的场景中，艺术家可以结合村民对往日回忆的情感元素，就地取材，营造出一种能对重塑记忆的空间氛围。这种氛围的作用是勾起当地人的回忆并让城市人对乡村心生敬意，也是一种对过去热闹的乡村生活的记录。这种回忆可以站在村民的角度，也可以站在建筑的角度。站在村民的角度很好理解，就是从村民对过去的回忆中找元素，将村民记忆中的场所特征表现出来，如以前这片地方是做什么的，曾有过哪些人、事、物等，将记忆中的场所特征还原出来，勾起村民的记忆。而要站在建筑的角度上，艺术家就要先对建筑废弃的原因进行了解、分析，其原因可能是人去城市生活了，或者是这个工厂的产业由于落后被外来引进的产业代替了等。随着社会的发展，村民逐渐迁移到城市，生活方式逐渐改变，但是建筑的状态还是一成不变。在这种语境下，艺术家可以通过艺术手法对建筑的内部环境进行改造，使其与从乡村前往城市的群体建立联系，表现出建筑也会随着人的改变而改变的理念。

其次，未被废弃的建筑。在村民同意的情况下，艺术家可以将村民在房屋中的生活状态进行艺术处理。每一户村民的生活方式都各有特色，艺术家可以对每一户村民的生活经历和生活方式进行提取，做成艺术作品或是与当地民间工艺结合起来，呼吁村民一起参与，把村民的房屋打造成具有不同特色的生活建筑。艺术与乡村建筑相结合可以营造出特殊的情感氛围，通过对乡村情感元素的表现来建立人与房的情感联系，这也是乡村与外界的联系。

第二，务农区域。

因为务农区域对乡村来说是核心区域，是村民赖以生存的物质基础，所以艺术家的介入不可以破坏务农区域的功能性。由于地域差异，不同地域环境中的农业产业各具特点，艺术家要把握农业产业的特点，将农作物的外观或是与当地土地有关联的动植物等作为一种艺术符号，放置于务农区域，形成一种农业产业文化特有的艺术氛围。艺术家还可以描绘土地对乡村的养育之情，由于乡村的农作物不仅仅只供应给乡村，还包括城镇地区，所以这片土地上的农作物使乡村与城镇建立了联系。艺术家可以将这种联系放大，通过艺术创作或是让人们参与艺术活动的方式，让他们来体验土地的珍贵，认识乡村的重要性。

艺术家也可以将农耕用具元素加入务农区域的艺术创作中，这些元素不仅包括农业用具的形态，还有这种工具的由来。艺术家可以用这些元素来营造地方的农业产业文化氛围，丰富一些游客对农业文化的认识。艺术家结合这些元素产出的艺术作品和艺术活动有着对土地的敬意和对养育之恩的歌颂，可以加强城乡联系，让城市的人对乡村有更深刻的认识。

第三，公共活动区域。

公共活动区域是村民日常交流和活动的区域，要想将乡村的特色元素附加在乡村的公共活动区域中，首先作品要体现乡村整体的特色，同时又要结合附近的环境。由于村民的生活文化具有独特性，而属于整个乡村大环境的文化因素主要是历史故事元素和地域文化产物，因此从这两方面入手的创作的作品描绘的是乡村的核心区域。乡村的公共区域是展示乡村标志最好的场所，展示过程中要注意的是作品与环境及区域功能性的相互影响。笔者通过公共活动区域的作用将其分为村口、街道、广场三个部分。

村口主要起三个方面的作用，首先是门户作用，它是人们进入乡村和外出的必经之路；其次是乡村形象的第一标志，代表乡村的形象，村口不仅仅只指乡村的牌坊，还有乡村村口的树木、石头等景物，这些都标志着乡村的位置；最后是文化作用，村口的景物往往是乡村的历史见证，也是乡村最具代表性的事物。这三个方面的作用，最主要的就是村口的标志作用。既然是最具标志的形象，在与文化元素相结合方面，应该从历史故事和地域文化中选出一种最独特、最能代表当地的文化元素来结合，这种元素一般是由历史长期发展而来，一直流传至今，并且在很早以前就受地域环境影响而产出的，在历史上具有重要的意义。例如，杭州龙坞的西湖龙井茶，宣城的宣纸等。艺术家通过这种独特的文化元素来进行艺术创作可以增加作品的文化氛围。

街道是指乡村内部的交通道路，街道是将乡村内部每一个空间相互连接起来的骨架。在不影响其功能性的情况下，艺术家可以将地域文化元素作为小品艺术展现在街道上，在考虑功能性的基础上添加一定的趣味性。这种艺术的介入要体现当地的地域文化，营造出富有趣味的地域氛围，其表现手法可以稍有夸张，让游客在观看或使用的过程中产生一种探寻的冲动，想继续探寻街道后面的乡村。同时，它也起到了一定的导向作用，游客在走入这样的街道时，街道上的趣味艺术能够吸引游客的注意力，并逐渐将游客引导到下一个区域。

广场是一种开放式的公共区域，主要起便于村民相互交流、举办活动等作用，艺术家在这片区域的介入要考虑居民的使用习惯和生活方式等因素，因为这属于开放式区域，是所有人共同使用的区域。艺术家要通过村民在区域内的行为活动来考虑艺术元素和艺术形式的介入，从广场的作用出发，进行艺术创作。除开村民日常休息的时间，在其他时间里，大部分都会聚集于广场区域，所以村民对广场需求较大，广场可以说是乡村的中心。艺术家对广场区域的介入不能是对这种空间的侵占，因为首先还是要考虑村民的感受，不能破坏村民对广场的亲切感，要在不妨碍村民日常活动的情况下介入。广场展现的是乡村的风貌与形象，可以通过以地域文化和历史文化中最主要的乡村主题元素为切入口的艺术作品来装饰这一片区域，体现广场在乡村的核心位置。艺术作品主要的放置地方就是公共区域的中心。广场作为一个场所的存在，有着和其他地方截然不同的意义。正因其具有庄严性，艺术家才应通过艺术创作在这片区域展现整个乡村最关键的主题，凸显出乡村的地方特色和可识别性。

第四，自然环境区域。

自然环境区域是指乡村中未经过人为改造的区域，如自然形成的河流、森林等，这些区域在未经过村民开发的情况下，具有一定的未知性，是一个可以让人充满想象的梦幻区域。在这片区域中，艺术乡建过程中的艺术表现和气氛渲染可以得到进一步加强。自然环境可以营造一种想象空间，这种想象空间中的元素可以来自当地的历史传说，艺术家可以通过环境的语言来加强这种传说的真实性，如森林中充满植被和动物、树木耸立、相互遮掩，其本身具有一定的神秘色彩，乡村流传的传说故事是未知的，也具有神秘感，让人充满想象力，那么传说的故事存在于这样的环境中，就可以取得渲染环境的效果。艺术家可以将故事中的元素搬到这一场景中来营造这种神秘的氛围，同时激发游客的冒险精神和探索欲望，让游客在欣赏作品时产生一种身临其境的感觉。

其他自然环境也具有这样的特征，像湖泊就显得比较平静，能让人产生一种心如止水的感觉。艺术家可以通过艺术创作来表现周围环境的流动和声音轻快，让观众在这样的场景下感受到乡村自然环境的魅力。在这种区域中，艺术家主要渲染的是一种乡村生活的惬意氛围，具有一定地域性，这种氛围是游客在快节奏的城市生活中无法感受到的，可以突出乡村的生活氛围。

艺术家在创作之前就要考察好乡村每个自然环境区域的特征，根据不同自然环境区域的氛围和自己艺术创作想要表现的题材、散发的气质来选择适合的自然环境区域，只有这样，艺术家在陈设作品时才能将自然环境的渲染作用发挥出来，加强游客对作品和对自然的感知。

第四节　艺术乡建的必要性和相关理论

一、艺术介入乡村建设的必要性

仅仅在物质上对乡村进行改善是无法有效解决乡村发展中的问题的。曾去过城市的村民不会因为乡村接受了资金上的援助并进行了设施的改善而再次回到乡村，因为这些物质基础的变化在城市可以通过工作获得。在乡村与城市的发展趋于统一及乡村文化逐渐淡化的情况下，城市的物质条件和文化生活条件都要比乡村更好一些，所以乡村人口依然会逐渐向城市迁移，而乡村会逐渐消失。

艺术的介入以乡村的内部文化为切入口，使乡村文化创新发展。从乡村与城市的整体来看，乡村的生活条件相对于城市要低一些，所以大多数人认为乡村最需要的是物质基础建设，而忽略了文化的发展。这样一来，在无法受到外界关注的情况下，乡村就无法获得新的力量，无法可持续发展，永远只能接受外界的资助并进行自我消耗。由此推断，物质基础建设无法从根本上带动乡村的发展，那么，对乡村的精神建设能否解决问题呢？艺术的介入会对乡村产生哪些积极的作用呢？下文将给出答案。

由于艺术是以文化为切入口对乡村进行改造的，那么艺术乡建就属于一种精神生活的建设，它主要有以下几种意义：提高乡村的活力，改善村民的生活观念，复兴、传承乡村优秀文化，提高村民生活品质。以下分别进行具体论述。

第一，提高乡村的活力。

城镇化建设规模的不断扩大使那些仍在乡村生活的村民的精神活动越来越少，村民很少会举办集会类型的活动，相互之间的交流变少。但是，艺术具有趣味性，作为一种新事物，它能够吸引村民。艺术乡建通过艺术创新让村民一同来参与某些艺术活动，加强了村民之间或村民与外界之间的联系，从而提高了乡村活力。

第二，改善村民的生活观念。

目前，村民在物质条件得到改善后，便不再寻求生活的改变，或许村民还没有意识到自己可以往哪个方向进行改变和突破。艺术乡建通过发挥艺术的作用使村民的日常生活变得更具趣味性，当村民发现自己的生活可以变得更加丰富多彩时，村民就会发挥自己的创造力，以积极的态度来对待自己的生活，让自己的生活变得更好。

第三，复兴、传承乡村优秀文化。

由于城镇化的原因，乡村的一些文化被城镇中的文化代替，一些优秀文化便没有被很好地传承。艺术的介入可以在乡村文化原有的基础上结合其根本，在表现形式或是外观等方面对其进行再提升，通过创新来再次凸显其价值，并促使这种优秀文化在原本的基础上不断进行自我创新，从而使其传承下去。

第四，提高村民生活品质。

在村民的物质生活水平得到提升的基础上，艺术作为一种新的力量，在乡村内部与原本的乡村文化相结合，提高了村民的创新积极性和生活积极性，丰富了村民的精神生活，让乡村的文化元素更加多样。此外，它让外界被乡村的多样文化吸引，加入建设乡村的队伍中，形成不断创新、不断发展的建设理论，又通过文化的创新带动村民生活水平的提升，有效提高了村民的生活品质。

二、艺术介入乡村建设的相关理论

（一）环境心理学理论

目前学术界所说的环境心理学是一门研究人们的心理、行为与其所处环境之间的关系的学科。这一领域的研究涉及诸多方面，如环境中的空气质量、光线条件及噪声水平如何影响个体的心理状态和情感体验等。

环境心理学中的“环境”不仅包括物理环境，也包括社会环境，这使得它与乡村环境的研究息息相关。在国际上，环境心理学的研究领域通常被划分为几个关键方面，包括个体对环境的知觉与评价、环境中的个体认知过程、动机与社会影响、对环境风险的认知、生活质量的提升，以及可持续发展行为与生活方式关系的探讨。此外，该领域还探讨了如何改变非可持续的行为模式，以及如何在公共政策的制定与决策过程中融入环境心理学的观点，关注了个体与生态环境之间的关系。基于这些研究，环境心理学的理论基础衍生出了多种与环境相关的理论。在乡村建设与发展的实践中，经常用到的理论包括环境感知认知理论和空间行为理论，这些理论为艺术家理解乡村环境中的人类行为提供了重要的指导和参考。

环境感知理论主要关注人类如何感知和理解周围环境，其核心观点如下：人类的感知不仅依赖感觉器官，还受到认知、情感和文化背景的影响；个体在心理上对环境的印象，会影响他们对空间的记忆和情感反应；不同的人对环境的偏好不同，受个体的经历、文化和性格影响。环境感知认知理论中的“感知”包含视知觉、听觉、嗅觉、触觉、味觉等五感，其中视知觉被认为是环境心理学的核心。人们能够迅速形成对环境的总体印象，依赖的正是对周围环境的感知。通过将艺术融入乡村环境，利用环境感知认知理论，艺术家可以改善乡村不合理的环境因素，彰显乡村民俗特色，从而建设更理想的乡村环境。

（二）区域景观规划理论

国外有学者曾对区域景观规划理论进行了详细的阐述，强调区域景观不仅是自然环境的简单呈现，更是人与环境之间复杂关系的体现。他们认为，景观规划设计应该考虑地方的历史、文化、生态和社会等多重因素，以实现人与自然的和谐共生。在艺术乡建过程中，各参与主体应从整体上考虑乡村的空间布局和生态环境；应结合本地的传统文化与艺术形式进行相关建设，这样一来，既保护文化遗产，又推动文化创新；应考虑生态环境的保护，避免因过度开发而导致的生态破坏。

在区域景观规划理论中，最常用于现代环境规划中的是生态空间理论和土地优化配置理论，本书主要借鉴的是生态空间理论。根据生态空间理论，景观空间可以分为“斑块”“廊道”“基质”三种类型。斑块是指生态系统中相对独立的空间单元。在艺术乡建中，斑块可以理解为艺术创作和展示的核心区域，包括艺术工作室、展览馆、文化中心等。这些斑块应该充分利用当地的文化资源和历史遗迹进行组建，保护传统工艺和民俗，通过艺术形式再现和传承地方文化。廊道在生态系统中起着连接不同斑块的作用。对于艺术乡建来说，廊道象征着不同艺术空间中存在的流动性和互动性特征。乡村的廊道可以设计为文化步道或艺术走廊，连接各个艺术斑块，促进艺术家与游客、村民之间的互动与交流。基质是指支撑生态系统的背景环境。在艺术乡建中，基质应包括自然环境、社会环境和经济基础等要素。乡村应注重生态环境的保护与可持续发展，利用自然景观和生态资源，提升乡村的吸引力。通过生态艺术和环境艺术的结合，艺术家在创作中会更关注自然环境，增强生态意识。

（三）内生增长理论

20世纪80年代，随着经济学家保罗·罗默和罗伯特·卢卡斯的研究，内生增长理论逐渐形成。这一时期的研究核心是知识、技术创新和人力资本，人们认为这些因素是经济增长的内生驱动力。20世纪90年代，内生增长理论不断得到扩展和应用。学者开始关注制度、政策和环境对经济内生增长的影响，强调政府在促进技术创新和经济发展方面的作用。乡村地区的文化和社会资本是推动经济内生增长的核心要素，乡村文化的独特性能够为经济活动提供一定的基础，促进村民凝聚力和组织能力提升。在这一理论中，乡村文化开发被视为促进经济增长和可持续发展的重要途径。

在艺术乡建过程中，内生增长理论为参与主体提供了重要依据。内生增长理论强调的是从内部进行发展，乡村的内生增长特征主要表现在确定村民主体地位、推动产业关联发展、保护乡村生态环境、传承和发扬乡村传统文化这四个方面。

在许多艺术乡建项目中，外部专家和机构的介入往往导致村民的声音被忽视，村民的需求和愿望未能得到充分满足；村民在艺术乡建过程中可能面临经济利益被外来资本瓜分的风险，导致其参与积极性降低。因此，艺术乡建项目策划者在项目规划和实施的各个阶段都应该确保村民能够参与决策，能表达自己的意见和需求。艺术乡建项目策划者可以通过召开村民大会、建立意见反馈机制等方式增强村民的主体意识；探索合理的利益分配方案，确保村民在艺术乡建中获得实际利益，提高他们的积极性和参与度。

艺术乡村的发展往往依靠单一的艺术活动或产品，缺乏多元化的产业支撑，导致经济发展不平衡；不同产业之间缺乏有效的联动，不能形成合力，限制了乡村整体经济发展潜力。在艺术乡建过程中，艺术乡建项目策划者不仅要发展艺术，还应该结合当地特产、旅游、手工艺等，使乡村形成多层次的产业结构，密切产业之间的关系；通过建立产业联盟或合作社来促进各类产业的资源共享，形成良好的产业生态圈；引入外部资源和市场，帮助本地产业拓展发展空间。

一些乡村建设项目在追求经济利益的过程中，忽视生态保护，导致环境被污染、生态系统被破坏。所以，艺术乡建要注重生态环境保护，推广绿色建筑，利用可再生资源，减少对环境的负面影响；艺术乡建项目策划者要通过制定法律法规、社区公约等手段，鼓励村民参与生态保护，提升他们的环保意识和责任感。

随着城镇化进程的加快，许多乡村的传统文化面临着被遗忘的风险，尤其是一些地方性的艺术形式和习俗。艺术乡建项目策划者应当支持本土艺术家对传统文化进行再创造，促使传统文化与现代艺术相结合，增强传统文化的吸引力与生命力。

第五节　艺术与乡村的联系

艺术与乡村建设的关系可以如此理解：艺术家基于乡村振兴战略，通过文化介入与当地村民合作，从而创造出独特的乡村文化，推动乡村发展。在这种建设模式中，村民与艺术家平等合作。真正的艺术应触及灵魂，艺术家需发现和放大乡村特色，并进行传播。

一、从乡村的视角看艺术

艺术究竟是什么？经过深入探究后，人们会发现这是一个复杂且模糊的古老议题。历代理论家和艺术家对艺术的定义都不一样。

毕业于英国伦敦大学学院的青年艺术家朱阳认为，在不同的圈子、不同的学科领域里，人们对艺术的判定都不一样。对于大众来说，艺术应该给人带来愉悦；在狂热的当代艺术圈子中，艺术应该是社会改革的尖锐武器；在商业领域中，艺术是被打开的脑洞；在人类学领域中，艺术是生活中对文化的再现。①

柏拉图认为艺术是模仿，席勒视其为游戏，别林斯基称之为生活的反映，克罗齐则将其定义为直觉；杜威认为艺术就是经验，贝尔强调艺术应具备有意义的形式，而朗格则认为艺术是情感的表现；冈本太郎认为艺术是大爆炸，而丹托则指出艺术是意义的展现……同济大学教授孙周兴总结，历史上对艺术的定义多达千种，但艺术是自由且多样的，不可能用统一本质概括，只有“家族相似”的特征。所以，美国现代重要的艺术批评家之一克莱门特·格林伯格认为，艺术难以定义，难以描述。②于是，人们认为，某物是不是艺术，只能由艺术家、艺术批评家、策展人、收藏家这样的“艺术界”人士来评判。

总之，在探讨艺术乡建这一议题时，人们首先面临的挑战是对艺术本质的理解不够清晰。这种认知上的不确定性不可避免地引发了一系列疑问：该如何着手

① 方李莉，朱阳．成长的艺术·艺术的成长：人类学者与青年艺术家的对话[M]．济南：山东画报出版社，2020．

② 格林伯格．自制美学：关于艺术与趣味的观察[M]．陈毅平，译．重庆：重庆大学出版社，2017．

研究艺术乡建？这项研究的意义何在？投入大量精力是否值得？

然而，深入思考后不难发现，这种困惑并不能阻碍人们对艺术乡建的探索。北京大学教授陈旭光认为，艺术是什么？或许这是一个艺术理论方面存在的永恒的难题，但是艺术与我们同在。[①]国内著名学者高建平认为，艺术不是某种封闭不变的专门的东西，它是在生活中出现、生活中到处都有、处处都被使用的东西，人们之间的交流就有艺术的因素，艺术是无所不在的，是生活的一部分。[②]事实上，艺术作为一种普遍存在的现象，与人们的日常生活息息相关。艺术的包容性、多元性和开放性为人们提供了广阔的研究空间。随着社会的发展，艺术在满足人们对美好生活的追求方面扮演着越来越重要的角色。因此，人们应当突破传统思维的局限，以更宏观、更全面的视角来理解、把握和运用艺术。只有这样，人们才能真正深入研究艺术乡建，发掘其潜在价值，为乡村发展注入新的活力。

既然艺术源于生活又作用于生活、艺术与人们的生活息息相关，既然艺术是开放的、多样的、包容的，为什么人们不走出象牙塔，带着人间烟火的气息，从日常生活中来认识艺术呢？

一般情况下，如果仅仅站在画廊、歌剧院、博物馆层面看艺术，或完全由“艺术界”来评判艺术，要么使艺术太“高大上”，成为乡村玩不起来的“洋玩意儿”，让人望而生畏；要么使艺术成为闹剧，让淳朴的乡下人发蒙、生厌。但是，如果换一个角度来看，如从建设美丽乡村，增强村民的获得感、幸福感的角度来看艺术，人们就会发现，艺术就在人们身边，就在人们的日常生活中。现代艺术的相关理论要求人们重新审视艺术与生活的关系，让人们知道艺术可以是生活，生活也可以是艺术，艺术可以与生活互换。

在艺术乡建过程中，村民如果能够用心建设自己的家园，尽力发挥出自己的创造性，全神贯注地把手中的事做到极致，就会进入“自由王国”，完全沉浸于当前的活动之中。当村民达到这样的境界时，他们的劳动便升华为一种审美和艺术体验，使得每一项工作都可能成为艺术创作。这种艺术的本质在于创作者的全情投入和内在体验，而非外界的认可。通过这种方式，他们不仅能净化心灵，还能实现全面发展，成为自由的人。对此，每个人或多或少都有一些体会。相关学者认为，任何一项工作，只要人们用心去做，尽可能把自身的创造性发挥出来，把它做到极致，就可以进入一种艺术的境界。这里的关键在于全神贯注、多种体验交织，以及调养身心。当然，这种体验通常需要某种艺术氛围作为辅助。艺术

① 陈旭光．艺术的本体与维度[M]．北京：北京大学出版社，2017.

② 高建平．回到未来的中国美学[M]．合肥：黄山书社，2017.

乡建正是要树立这样的理念，运用各种艺术形式和艺术手段，打破村民日常生活中的平庸与单调，营造艺术氛围，赋予生活以诗意。

必须表明的是，当代学者对艺术的理解绝不是想去替代那些艺术理论，而是基于艺术的多样性、开放性和包容性，从乡村、从生活角度出发，为人们提供一个不同的视角。越通过多元化的视角审视艺术，便越能接近艺术的本质。通过这样一个视角，人们能够更全面地探讨与乡村全面振兴、农业农村现代化相关的新议题，也可以看到艺术对乡村越来越重要的意义和艺术乡建发展的广阔空间。

同时，对村落景观文化的认识又拓展了我们对乡村艺术的认识空间。相关专家认为，村落景观文化是自然与人类长期相互作用的共同结果，是以农业活动为基础，以大地景观为背景，以乡村聚落景观为核心，由聚落景观、经济景观、社会生活景观和自然环境景观等共同构成的，集中体现人与自然关系的环境综合体。因此，这些专家主张村落景观文化营造要大尺度、多风格地展现如画的田园风景，要遵循“天人合一”、顺应自然的思想进行总体布局，要展示乡村生产、生活、生态功能有机融合的场景，要更注重表现乡村的人文价值。这对拓宽乡村的艺术空间是很有帮助的。当然，关于艺术乡建中的艺术的完整意义，我们还是得听听权威专家的说法。中国艺术研究院研究员方李莉研究艺术乡村建设已有多年，她认为，艺术是新时代潮流涌动的风向标，它在艺术乡村建设中有三层含义：一是以艺术激活乡村的传统产业，尤其是传统手工艺产业；二是以艺术激活乡村的传统民俗文化，使其成为建构乡村新文化符号的重要手段；三是艺术家进驻乡村的现象应该引起关注，艺术引领的往往是时尚的潮流。[①] 这是对以往的艺术家开展的艺术乡建中的艺术的精准概括。应该说，人们理解的艺术更宽一些——事实上，近期的艺术乡建已经有了一些变化。当然，人们也不赞成泛艺术的主张，把一切物品都看作艺术品是没有意义的。

从各地艺术乡建的情况看，这里面还涉及美和艺术方面的问题。这个问题在理论上或许理不清，但在实践中必须有鲜明的态度。古希腊学者认为，美是造型艺术的最高法律。[②] 近代，美学成为艺术哲学。现代，不美之物可以是艺术，这是 20 世纪伟大的哲学理论。[③] 但是，没有谁能否定美的艺术，事实上，古希腊雕塑、文艺复兴绘画、唐诗宋词等古典艺术均有着永恒的魅力。所以，艺术乡建总体上应在真善美的统一中展示乡村的自然之美、生活之美、心灵之美，创造美好新家

① 方李莉．艺术乡建与智能化生态中国之路 [J]. 乡村振兴，2020（8）：46-47.

② 莱辛．拉奥孔 [M]. 朱光潜，译．北京：商务印书馆，2016.

③ 丹托．何谓艺术 [M]. 夏开丰，译．北京：商务印书馆，2017.

园，让人们诗意地栖居。这与乡村的特征、功能与价值有关。

毋庸置疑，艺术是推动乡村发展的重要力量，在乡村振兴中有着不可替代的作用。首先，艺术能让人们重新审视乡村，发现乡村的山水、田园、农耕之美，重塑乡村形象，让乡村各美其美，并与现代化的城市交相辉映。其次，艺术能激活乡村的传统文化资源，赋予乡村新的发展动能，形成文创、旅游等新的产业和新的业态，让乡村焕发出新的发展活力。再次，艺术能创造精神家园，提高村民生活品质，让乡村成为人们的诗意栖居之地，增强村民的幸福感，给市民一个“桃花源”。最后，艺术的作用不仅在于传达美，同样也在于击碎一切平淡无奇的陈腐之物，让人们重新感知事物，点燃梦想和热情，开始新的追求和新的生活。这样，艺术便成为乡村腾飞的翅膀，与科技一起，助推乡村振兴。

二、用艺术的眼光看乡村

乡村之美是质朴的，也是厚重的，甚至是奢侈的。艺术乡建正是从乡村内在的质朴、厚重、奢侈中“长出来”的。

在艺术乡建过程中，人们不仅要重新认识艺术，还必须重新审视乡村，搞清楚乡村与城市有什么不同，乡村又有什么特殊功能、独特价值、内在之美。长期在农村从事农业相关工作的人也不例外。按理，这似乎不应该成为问题。

探究词语的源头，人们发现“艺”字最初与农耕密切相关，其本义为“种植”；而“术”字最早指古代城邑中的道路，后来引申为各种技巧和方法。将二者结合，“艺术”便形成了一个涵盖种植、劳作等实践活动的概念。在西方文化中，古希腊人对“艺术”的理解也不局限于具体的作品，而是将其视为一种创造性的生产活动，尤其强调活动过程中蕴含的技巧和智慧。这种观念与东方文化中“艺术”的概念有着异曲同工之妙。随着社会的发展，艺术逐渐从其发源地——乡村转移到了城市，成为城镇的重要组成部分。然而，当代学者认为，艺术应该重新回归其根源，与乡村建立起新的联系。从一定意义上看，千百年的传统村落、古村落是一部鲜活的艺术史。

但问题是，过去人们通常只讲“乡村”，一般把它与农业经济活动、传统生产生活方式、广阔空间、熟人社会、“空心化”等相联系，并且习惯上把它同城市简单对立起来，认为城市代表着文明与进步，乡村则是愚昧与落后的代名词。在国外，有关“乡村”定义的争论已长达一个多世纪，一直没有形成标准的答案。有的学者甚至认为，“乡村”通用定义的确定越来越难，也许并没有这样一种定义。

无疑，在重新审视乡村时，沿袭传统思维是不可行的，人们需要打破思维定式，从不同的角度来观察、思考。研究艺术乡建的时候，人们更需要站在艺术家的角度、戴着艺术的“眼镜”来看乡村。值得注意的是，在乡村的定义变得更加多样化的今天，人们越来越看重乡村的审美特征。美国学者杜威·索尔贝克指出，无论乡村特征如何被定义，景观特征都是吸引人们前往乡村地区的首要因素，并在现今作为一种可选的生活方式持续吸引着人们。[①] 在我国，人们开始用青山绿水、农耕文明、乡愁记忆等积极的、浪漫的语言来描述乡村，并向往乡村的自然生态、传统文化、社区生活等。新时代背景下，我国人民对乡村的向往不仅代表着对自然与宁静的追求，还代表着对传统文化和经济发展机会的渴望。乡村振兴战略赋予了乡村新的功能与价值，使其不仅是农业生产的场所，更是经济、文化、生态和社会多元融合的综合体。随着乡村的不断发展，未来它将会吸引更多“走出去”的人“走回去”，形成新的人口流动和生活方式。

其实，古今中外都有艺术家从不同的角度、用不同的艺术语言，发现和表现乡村之美，表达对“诗意地栖居”的向往。在诗歌方面，我国古代还形成了田园诗歌派，陶渊明笔下的“采菊东篱下，悠然见南山。山气日夕佳，飞鸟相与还。此中有真意，欲辩已忘言”，点燃了多少代人的田园梦想。在绘画方面，我国古代独特的山水画、19 世纪欧洲的巴比松画派，都极力描绘乡村的自然风光和纯朴生活，元代著名画家黄公望还画出了他心目中充满诗意的“美丽乡村”。古今中外艺术家、有识之士留下的作品，给了当代艺术乡建很多启示。

人们重新审视乡村是从建设美丽乡村开始的。人们对艺术乡建的感悟正是从感受乡村之美开始的。但是，当人们静下心来着手研究艺术乡建的时候，人们感到，停留在对乡村之美的感悟上远远不够。

中国社会科学院文学院研究员高建平是我国当代学贯中西的著名美学家，他在《发掘和发展乡村内在之美》一文中对乡村之美做了精辟论述。他指出乡村之美有四层意思。其一，要有田园生态之美。乡村的美，应归结为人之美的体现。生态之美从生活之美而来，但生态之美也有其独立性。生态田园之美，要因地制宜，顺应自然，巧用自然。其二，要有传统故事之美。乡村的美离不开传统文化，离不开曾经在这里生活过的人的故事。故事之美，是一个地方取之不尽、用之不竭的财富，需要认真研究并发扬光大。其三，要有有机生长之美。乡村的美，要留下时间的见证。乡村固然要发展，但这种发展，是有机的发展，要从原有的村

① 索尔贝克．乡村设计：一门新兴的设计学科 [M]．奚雪松，黄仕伟，汤敏，译．北京：电子工业出版社，2018．

落中有机地生长起来。一个村庄，就像一个生命体，要让它自然生长。其四，要有家园情感之美。乡村之美，最终还是要归结到属于这一块土地的人，即村民身上来。乡村的居民在土地间劳作，是土地的一部分，土地也是他们的一部分。这份家乡情感，会给乡村注入一种活力、一种生气。这种依存感，才是乡村之美的真正来源。尊重这种美，而不是将这种情感抽象掉，才是认识乡村美的正确之道。[①]他还认为乡村之美有一个顺序，即“自美其美”，才会“人所其美”。[②]人们认为这是对乡村之美的精准概括。

乡村的内在之美与乡村自身的特点，尤其是与乡村特殊的功能、独特的价值，紧密相关。

乡村内在之美是质朴的，也是厚重的，在一定意义上甚至是奢侈的。质朴在于它根植于自然，自然是它的底色，不用涂脂抹粉；厚重在于它源远流长，有着深厚的文化底蕴；奢侈则是因为人们走得太远，难以回归自然、返璞归真。艺术乡建正是从这种质朴的美中“长出来”的，当然，恰当而有节制的艺术干预和艺术“植入”是有益的，但是，多了、奢了、喧宾夺主了，就会适得其反。

值得注意的是，一些地方、一些企业以艺术为由，在稻田等永久性基本农田里面大兴“造型艺术”，创建了游道、绿道、观景台等永久性设施，这是必须反对的。

重新认识艺术、重新审视乡村，让村民对乡村有了新的期待。形象地说，一旦艺术与乡村相遇，就会碰撞燃烧，就会迸发出新的活力。在一定意义上，艺术乡建正是要用艺术来“点亮”乡村，用艺术来“美化”乡村，让乡村带着它的村民走向诗和远方。

① 高建平．发掘和发展乡村内在之美[J]．乡村振兴，2020，(8)：44–45．

② 同①．

第二章　艺术乡建的模式分析

艺术本身具有自律性和社会性两种属性，这两种属性通常会纠缠在一起，容易让艺术家陷入一种两难的抉择困境，即艺术抛弃自律性，它就有可能屈从于社会性，受制于社会商品，随着拜物性而迷失自己，逐渐走向消亡；反之，艺术固守自律性，让社会走进艺术，以艺术自律性批判社会，它有可能导致两种结果，一是随着商业化发展，艺术也沦为商品，二是艺术脱离社会商业，在一定的范围内实施艺术自律性，它很可能成为自娱自乐、孤芳自赏的纯艺术，从而实现不了艺术介入社会、艺术介入乡村的目标，不能促进社会和乡村发展。所以，艺术要想真正存在并发展下去，要想真正发挥自己理应发挥的社会作用及审美意识形态的作用，就应当担负一定的社会责任，扮演自己理应扮演的角色，应当突出表现自身的真理性内容，不断扩大自身的审美范围。如果艺术真有什么社会功能的话，必须从两个方面来考虑艺术的社会性：一方面是艺术的自为存在，另一方面是艺术与社会的联系。艺术的这一双重性体现在所有艺术现象中，而这些现象却是不断变化和自相矛盾的。当代艺术朝着社会学、人类学、民俗学等学科发展时，它如何平衡好艺术双重性，启发或者引导人们从事有助于推进社会和谐的艺术乡建活动就成为一件非常有意义的事情。

2010 年至今，我国艺术介入乡村建设之所以能取得如此巨大的成就，这与我国当代艺术发展过程有着一定的联系。一方面，我国政府非常重视乡村振兴，乡村如何实现全面发展也成为地方政府主要思考的内容之一；另一方面，“两山理论”的发展，国内多名学者从社会学、人类学、艺术学、设计学等角度开展的乡村建设研究为艺术介入乡村建设提供了理论支持。在当代艺术自身发展和国内外艺术文化环境优化的情况下，我国当代艺术慢慢转向乡村，融入了美丽乡村建设中，以建设者的姿态开始介入我国乡村建设，掀起了轰轰烈烈的艺术介入乡村建设的实践和探索浪潮。

目前，我国艺术介入乡村建设项目大致分为三种模式，即以艺术家为主体的艺术乡建模式、地方政府与艺术家合作的艺术节模式、艺术院校项目实践模式。其中，山西许村计划、安徽碧山计划、甘肃秦安石节子美术馆、北京宋庄白庙计划等艺术乡建是以艺术家为主体的艺术乡建模式；贵州隆里国际艺术节、浙江嘉兴乌镇国际当代艺术邀请展、阳澄湖地景装置艺术节、合川新媒体艺术节等为地方政府与艺术家合作的艺术节模式；四川美术学院焦兴涛等人发起的羊磴艺术合作社、中央美术学院雕塑系第五工作室发起的贵州雨补鲁村艺术乡建、中国人民大学陈炯和“艺乡建”团队发起的衢州柑橘文化艺术节等是艺术院校项目实践模式。

综上所述，我国艺术乡建通过十多年的不断发展，目前已探索出三种较为可行的模式。虽然这些模式还不够完美，但是，艺术介入乡村建设的理念已深入人心，尤其是获得了当地村民的支持和肯定。艺术介入乡村建设的理念不可能是一蹴而就的，它以一种柔性的、渐进的、温和的方式对乡村进行着微更新。当代艺术介入乡村建设，进而促进乡村发展，从某种意义上说也是当代艺术基于中国本土视角的自我重塑，同时也是当代艺术与乡村融合过程中促进村民参与乡村建设并提升村民的艺术审美的工具。这些社会实践包括对乡村建设的讨论、如何建设新的乡村，多样化的探索为未来乡村找到了多种发展路径，所以当代艺术介入乡村建设也有可能成为改变乡村现有状态的一种新的可能，为乡村的发展提供新的契机。

本章为艺术乡建的模式分析，分为三个部分，依次是以艺术家为主体的艺术乡建模式、地方政府与艺术家合作的艺术节模式、艺术院校项目实践模式。

第一节　以艺术家为主体的艺术乡建模式

介入性艺术又称社会参与艺术、当代艺术。“八五新潮”期间一大批先锋艺术家借鉴国外当代艺术、行为艺术、装置艺术等艺术形式对国内艺术进行批判，引发了人们对当时社会各种问题的思考和反思。王春辰在《艺术介入社会：新敏感与再肯定》一文中提出，从1990年之后，艺术世界又出现了新的趋势——艺术家、策展人与批评家共同寻找社会与艺术的结合点来创作、制作、实施当代艺术（作品）。[①] 当代艺术家和策展人在20世纪90年代之后逐渐从封闭的体制中走出来，艺术家不再受体制束缚，一方面，他们的艺术创作不再是传统意义上的架上绘画，艺术不再是艺术家孤芳自赏的艺术，更不是为了艺术而艺术的艺术，而是朝当代艺术、先锋艺术、实验艺术、装置艺术、公共艺术等方面转变的艺术，艺术开始介入社会、社区和乡村，尤其在美丽乡村建设规划提出后，艺术介入乡

① 王春辰．“艺术介入社会”：新敏感与再肯定[J]．美术研究，2012（4）：25–30．

村建设进入了一个全新的探索阶段，逐渐形成了一股乡村建设新风尚和重要力量。另一方面，伴随当代艺术不断发展，艺术家开始邀请非艺术家、村民等人共同完成艺术创作，艺术家由艺术创作的主导者转变为艺术观察者，他们放弃了对艺术创作的绝对把控，而是选择调动和激活村民的参与性和积极性，强调与村民一同参与，共同完成艺术作品。

艺术介入乡村建设目前已逐渐成为一种较为重要的乡村建设模式，它在介入乡村建设之初以艺术家为主体。艺术家凭借自己的资源、影响力及乡村情怀推动当地乡村价值和文化发展，促进乡村社会与经济和谐发展，如以渠岩为主体的山西许村计划、以欧宁和左靖为主体的安徽碧山计划、以靳勒为主体的甘肃秦安石节子美术馆等艺术乡建模式逐渐成为一股新力量，不断推动当地乡村社会、经济和文化的发展，有的乡村得到了较好的发展机会，有的乡村随着艺术家的离开逐渐回到开始状态，甚至进入倒退和衰败阶段。但是无论如何，以艺术家为主体的艺术乡建模式正在转变政府、社会和村民的观念，艺术家以满腔热情投入当今乡村建设的浪潮中，这件事本身就应该得到尊重和理解。

一、山西许村计划

2007 年，艺术家渠岩一走进许村就被许村明清古建筑和传统村落格局迷住了，仿佛找到了自己寻找已久的故乡和精神家园。面对这个日渐凋敝、大部分古建筑破损且只剩老人、儿童、妇女独守的许村，面对许村的各种困境，渠岩感到困惑和焦虑。随后，渠岩受邀对许村进行实地考察和访谈调研，希望通过艺术来促进许村文化发展，提升其乡村价值，那么艺术介入乡村应该如何建设和实践，艺术理想与现实之间的鸿沟如何填补，如何又能得到村民的认可等一堆问题出现在渠岩脑海中，等待他们一一解决。2008 年，渠岩在和顺县政协主席范乃文、当地基层政府和村民的大力支持下在许村开启“艺术推动村落复兴”和“艺术修复乡村”的实践探索；2011 年，许村国际艺术公社成立，举办了蜚声海内外的“中国·和顺首届许村国际艺术节”，希望通过艺术节引起社会关注并吸引游客，使乡村逐渐复兴，增加村民收入。它连接了乡村与城市、艺术与文化、村民与艺术家，激发了乡村内在的活力和村民的自信，形成一种动态递进、可持续、内生发展的共生关系。对整个乡村价值和传统文化的传承、对古建筑的修复和保护、将当代艺术植入许村空间，让村民增加了自信，使他们重新审视和思考这种不同于旅游开发的可持续发展的艺术乡建模式，基层政府和村民逐渐明白许村景观在地性、建筑独特性和文化地方性才是他们发展的核心，当村民逐渐找回对自己生活家园的自信时，许村才会真正地重焕生机。

艺术不再是艺术家自我的创造，不仅仅局限于艺术审美的情趣之中，而成为一种艺术实践行为，乃至一种社会运动。从 2007 年开始，渠岩与许村结下良缘，以艺术修复乡村，激活乡村价值。在 2011 年成立许村国际艺术公社后，渠岩深刻地明白艺术介入乡村建设不能只依靠艺术本身，艺术只是一种手段和形式，必须挖掘许村当地传统文化内涵和内在价值，激活村民的积极性、参与性和自信心，妥善处理好“自我”与“他者”的关系。许村国际艺术节每两年举办一次，每届主题不一样，但目的都一样，即让当代艺术理念深耕于中国传统土壤中，让鲜活的艺术创意在许村生根发芽，通过艺术激发村民参与性和自信心，激活许村传统乡村价值，进而促进乡村振兴和增加村民收入。2011 年第一届艺术节的主题为“一次东西方的对话”，提出“创造新文化，救活古村落”的理念，邀请来自世界各地的艺术家参与许村艺术乡建，尤其是国外的一些知名艺术家，许村第一次实现了真正意义上的东西方对话，也使村民、儿童通过外语学习和培训了解世界，增加了村民的自信。虽然之后每届艺术节的主题都不一样，但是均根植于许村自身的乡村价值与世界的关系中。

许村艺术乡建开启了我国当代艺术乡建的先河，艺术家渠岩及其团队以尊重许村文化和乡村价值为前提，修复古建筑和公共空间，美化村落环境并丰富村民的精神家园，强调村民的参与性、积极性和互动性。这表明，艺术家的乡村实践应设身处地介入当地社会的文化脉络和具体语境中，使乡村社会实现整体复苏与重建。许村艺术乡建给了人们很多启示和参考，尤其是在乡村空间环境优化与古建筑修复、文化重塑与乡村价值重构、经济增长与村民参与等方面。首先，注重对乡村空间环境的优化及对古建筑等基础设施的修复。2007 年，随着艺术介入许村乡建后，许村原先单一化、集体化的乡村空间开始向文化性、多元性及复合性乡村空间转变，提升了乡村空间活力，带动了许村与周边经济协同发展。同时，渠岩和团队对明清老街、古建筑和街道景观进行了修复，把一些老旧公共建筑改造成艺术区、美术馆、培训中心，恢复了戏台的现代使用功能和娱乐功能。其次，强调文化重塑和乡村价值。渠岩认为，艺术复兴乡村最重要的是把艺术嵌入许村村民的内在观念、行为习惯和情感诉求中，它不是艺术家自上而下建造的“乌托邦”，更不是一种象征式、符号式的“乡村美化”，而应该是从艺术人类学视角和当代艺术介入社会发展的角度出发的。艺术应该构建乡村生活的文化样式、正确处理“人神”“人人”“人物”之间的关系，正确理解许村当地人的信仰世界、情感世界和审美世界等乡村价值。最后，激活经济增长和村民参与。许村通过艺术节、乡村旅游、文创产业、美术写生基地、民宿等方式促进了乡村经济增长，促进了人才回流和人口回归，尤其是在艺术介入乡村建设后，许村村民的积极性、参与性和互动性被艺术家调动起来了，村民对本村文化和传统价值持肯定的态度，对自己也充满信心。艺术家介入乡村建设的目的和初衷是摆脱当代艺术长期依赖、模仿西方话语逻辑的状况，走出自身文化困境，从关注乡村现实问题出发，回到文明的源头和民间现场，为中国当代艺术提供本民族重要的文化资源和文明脉络，找出一条真正符合自身历史与文化逻辑的中国当代艺术发展之路。2007—2019 年许村艺术乡建文化营造活动如下（表 2–1–1）。

表 2–1–1　2007—2019 年许村艺术乡建文化营造活动

时间／年	事件	理念	主要活动内容
2007	艺术家进入许村	艺术家修复乡村，村民重新认识乡村价值	居住环境量化调查和个案访问，许村建筑、街巷、景观、基础设施初步评估
2011	第一届许村国际艺术节——“一次东西方的对话”	创造新文化，救活古村落	修缮传统建筑，改造艺术区公共建筑和景观，中西方艺术家、文化学者进行交流与研讨，编写《许村村民文明手册》
2012	许村论坛——“中国乡村运动与新农村建设”	现代化技术与中华民族、本土文化融为一体	邀请相关专家、学者共同商讨乡建问题，进行理论研究讨论，为保护中国的传统文化而进行文化宣传
2013	第二届许村国际艺术节——“魂兮归来”	重构乡村家族文化，乡村重回文化主体	国际艺术家驻村创作，艺术机构挂牌，文创产品拍卖，艺术助学活动，艺术现场活动演出，家族信仰调查
2015	第三届许村国际艺术节——“乡绘许村”	乡村在地艺术的互动实践，许村：一个向世界开场的精神家园	艺术家驻村创作，艺术助学活动，村民艺术作品展示，民俗文化活动参观
2017	第四届许村国际艺术节——“神圣的家”	重建可容纳不同时空的“他者”与“它者”的有神之家	开展艺术创作、乡建论坛，以及乡村手工艺集市、古村落游览、艺术家作品展、艺术培训等活动，落成许村当代美术馆
2019	第五届许村国际艺术节——“庙与会”	修复民俗信仰，更新“人神”“人人”“人物”的关系	现场展开创作，举办江浙论坛、许村手工艺集市、联欢晚会和民俗祭祀等活动

二、安徽碧山计划

碧山计划是由艺术家欧宁与左靖于2011年在安徽省黟县碧山村发起的一场艺术介入乡村建设的乌托邦式实践活动，他们希望以文化建设为主体，复兴当地的民俗文化，重塑碧山村的乡村生产生活方式。碧山计划创建的初衷是希望通过知识分子回归乡村，在当地创建一个可以共同生活的乌托邦式乡村环境，同时，探索徽州乡村重建的新的可能，并寻求集多种功能于一体的新型乡村建设模式。这种由艺术家为主体介入乡村建设的模式不管成功与否都是一种积极探索和实践尝试。碧山计划主要沿着以下三个方面积极开展。

第一，民俗工艺复兴。他们邀请国内外艺术家、建筑师、设计师，以及当地文化名人、民间手工艺人等集思广益、共同研讨，希望通过对民间各种手工艺人的调研和记录，复兴民俗工艺。2011年，"第一届碧山丰年祭"艺术节举办，举办人以碧山村传统"出地方"的庆祝丰收民俗的活动为载体，连接村民以往的公共文化集体记忆，通过媒体、视频、展演和表演等形式进行了有效传播，从而使碧山村成为网红村，成为媒体的宠儿和艺术乡建的标杆。左靖希望通过民俗工艺的复兴来改变当地村民的生产生活方式，他带领安徽大学的学生进行了多次田野调研和访谈，记录了几十项安徽省黟县的民间手工艺，撰写了《黟县百工》，这为中国民间工艺复兴奠定了扎实的基础。同时，他们还出版了《碧山》《汉品》等系列丛书，积极推广和宣传碧山民俗工艺。"第一届碧山丰年祭"艺术节具体安排如下（表2–1–2）。

表2–1–2 "第一届碧山丰年祭"艺术节具体安排表

活动名称	主要内容	地点
"出地方"丰年祭仪式	碧山村传统庆丰收民俗活动	安徽省黟县碧山村祠堂
互助·传承：主体展览	艺术家与徽州地区人合作的作品展览	安徽省黟县碧山村粮站1、2号粮库
源流考	徽州历史文化展览	安徽省黟县碧山村祠堂
黟县百工：调研项目展示	近四十项几近消亡的黟县传统手工艺展览	安徽省黟县碧山村粮站2号粮库
庙会之旅：手工艺集市	黟县各乡村人员展示自己制作的手工艺产品	安徽省黟县碧山村粮站
银幕乡愁：早期农村电影放映	以碧山为取景地的《小花》、农村故事片《喜盈门》等	安徽省黟县碧山村粮站

续表

活动名称	主要内容	地点
诗歌课：文学活动	现代诗歌、古典诗歌讲解	安徽省黟县碧山村祠堂
返乡青年：新民谣音乐会	广东潮州乐队演出	安徽省黟县县城电影院
徽州戏曲会演	碧山村本土剧团表演黄梅戏	安徽省黟县县城电影院
现实之谜：当代农村纪录片放映	关注农村现实的独立纪录片	安徽省黟县秀里影视基地电影院
乡土中国：学术研讨会	乡建工作者、专家讨论乡村保护与发展问题	安徽省黟县秀里影视基地电影院

第二，乡土遗产保护与古建筑微更新。欧宁、左靖对碧山村古民居建筑进行了保护和微更新，从而让古建筑焕发了生机，如猪栏酒吧、碧山书局、理农馆、碧山书院、关麓小筑等。一方面，他们按照传统徽派建筑建造方式对其进行保护与更新，让人在视觉上依旧能感受徽派建筑的魅力和传统村落的风韵，同时还对建筑空间进行了合理布局与设计，在室内空间中增加了现代设备和设施，满足现代人的使用需求。另一方面，在清华大学吕舟教授带领下，一群从事乡土建筑遗产保护的志愿者从浅显易懂的“碧山传统民居保护修缮导则”编制工作开始，站在村民角度解决传统民居保护和利用过程中存在的现实问题，既不损失碧山村古建筑的价值，也不让古建筑保护工作看起来格格不入。相关学者认为，对文物古迹的保护不仅涉及对不同类型建筑的保护，还涉及对不同时代建筑的保护，亦包括对街道、水系、景观环境、田园等形成村落整体特征的各种相关要素的保护。

第三，产业振兴与品牌塑造。碧山计划如果想取得一定的成功，就要为老百姓谋福利，让村民得到一定的利益，否则村民就不会参与艺术乡建，进而让整个计划陷入“乡村运动，农民不动”的尴尬局面。自从欧宁、左靖等艺术家入驻后，碧山村几乎家家都是小民宿，在举办了“碧山丰年祭”并对古建筑进行了修复和更新后，一些公共空间已变为一种“文化景观”，碧山村成了艺术乡建的一个文化符号和品牌，慕名而来的游客越来越多，虽然网上舆论认为“碧山计划死了”，但从 2016 年至今，碧山村依旧处于正在发展的状态。左靖他们发掘了当地的竹编手工艺、传统点心等，以此为当地特色产业的核心，通过碧山供销社进行销售。左靖希望将碧山村文化发展成精神象征，通过复兴民间手工艺来复兴当地的文化生态，并最终将其打造成产业化的品牌。

碧山计划已成为我国艺术介入乡村建设的典型案例之一，从 2011 年至今，碧山计划已成为我国艺术乡建的一种符号和文化象征。艺术家、政府、村民等之间的理念和矛盾应该如何协调，这种自下而上的艺术乡建应该如何与当地政府、农民的利益达成一致，也是今后艺术乡建需要考虑的重要方面。唯有如此，才能为我国艺术乡建寻找到新的出路。艺术乡建的宗旨不仅在于景观的建设，还在于人心的建设，在于对“主体性”与“主体间性”的综合把握。

三、石节子村艺术乡建

甘肃省秦安县叶堡乡石节子村艺术乡建是在艺术家靳勒带领下发起的“自下而上”的艺术乡建项目。2005—2008 年，靳勒以一个艺术家的身份在石节子村进行了个性化的艺术实践；2009 年，石节子美术馆成立，它体现的是艺术家对艺术的社会化功能的探讨，很快便得到了外界的广泛关注。因为石节子美术馆关注的是人，是石节子村民与乡村生活，而其他美术馆关注的是物，这从本质上就显示出石节子美术馆与其他美术馆的不同。石节子村每个家庭都被赋予了不同的意义，它们在观众的解读中不断地被艺术化。

石节子村艺术乡建之所以能够得到较好的发展，成为人们的焦点，其根本原因在于靳勒是以一个当地村民的身份参与每一个艺术项目和乡村建设活动的，他提高了村民自发参与艺术乡建的积极性，解决了艺术与当地生态共生的问题，从始至终靳勒都与石节子村捆绑在一起，因为他本身就是石节子村人。靳勒从 2005 年开始就带领本村村民一起用当地材料共同创造公共艺术作品了，这些作品还参加了石节子村的展览（表 2–1–3）。

表 2–1–3　石节子村艺术乡建历年展览一览表

时间／年	活动名称	主要内容
2005	创作《贴金》公共艺术作品	2005 年，靳勒和村民共同创作了公共艺术作品《贴金》，他将老家的炕洞、推耙及他父亲栽植了几十年的树贴上了金箔
2007	去德国参加卡塞尔文献展	在他人资助下，靳勒带领四个村民远赴德国参加了卡塞尔文献展，从此开始将石节子村与艺术联系在一起
2008	靳勒当选石节子村村主任	靳勒开始策划艺术与乡村的联动项目，邀请艺术家赵半狄在石节子村举办了“小山村春节联欢晚会”，石节子村成了艺术乡建的经典案例
2009	石节子美术馆成立	石节子整个村庄是一个美术馆，每一家是一个分馆

续表

时间／年	活动名称	主要内容
2010	石节子村成立电影节	靳勒邀请来自北京的电影导演在山村放映电影，石节子村从此有了电影节
2012	“绿心”国际戏剧、环保、教育论坛	举行了“绿心”国际戏剧、环保、教育论坛，邀请了国内外多位戏剧导演、环保学者、教育家来村庄与村民进行戏剧交流，通过各种游戏表演探讨人与环境、人与大自然的和谐相处之道
2013	德国大使馆资助石节子村	对村落进行旱厕改造，在全村建立第一个公共澡堂
2015	一起飞——石节子村艺术实践计划	石节子美术馆与“造空间”共同发起“一起飞——石节子村艺术实践计划”，每个艺术家和村民一对一结成对子，共同创作一件作品
2016	“曼斯特到石节子并不远”艺术展	创作了多部影像作品
2017	“乡村密码——中国石节子村公共艺术创作营文献展”	石节子村举办了由西安美院主办的“石节子村公共艺术创作营”，并于西安当代美术馆举办“乡村密码——中国石节子村公共艺术创作营文献展”
2019	石节子十年文献展	北京举行石节子十年文献展，主题就叫“谁的梦”
2020	“靳海禄家庭旅馆投资计划”正式动工	一个艺术项目转化为可以获得收入的实业——石节子村第一家旅馆成立

靳勒打破了艺术与生产之间的隔阂，让艺术产生了经济效能。他把石节子村日常生活进行“贴金”和“赋魅”，赋予人们日常生活仪式感。艺术与生活本来就可以有交集，石节子村每一块土地、每一棵树、每一个房屋都是独一无二的艺术品，同时也都是活生生的生活，艺术成为村民的一种生活态度和感受生活的方式。因为艺术的吸引力，石节子村被媒体、政府、外界所关注，村里修了路，通了水和路灯，每年都有很多游客进入村里，石节子村慢慢有了更多获利途径和改变。最后，艺术展览填补了农村艺术教育的空白。由于部分地区的小孩接受的艺术教育很少，石节子美术馆每年举办的各种艺术展览从某种意义上来讲是一场启蒙儿童艺术审美和提升其审美水平的艺术展览，它为乡村里的孩子提供了近距离走进艺术、感受艺术的机会，让他们变得更加自信。艺术在石节子村成为一个不断变化的存在，它既是艺术界人士眼中艺术介入乡村建设的实践先锋，又是村民眼中的经济发展策略。

石节子村艺术乡建经过人们十多年的努力已得到外界、媒体、政府等的高度关注，石节子村村民已经迎来了美好生活的曙光。靳勒打造的石节子村艺术乡建让村民喜欢艺术，重新认识自己，在艺术创作中越发自信，让村民与艺术家产生联系，提升了乡村内在价值，激发了村民内在活力和主动参与性，让村民有机会走向大都市，走向当代艺术。它改变了石节子村，也转变了村民理念，为当今我国乡村建设提供了一种新的可能，那就是艺术大有可为。

第二节　地方政府与艺术家合作的艺术节模式

艺术介入乡村建设随着渠岩、左靖、靳勒等一大批优秀艺术家、建筑师、设计师等文艺学者的参与，得到了媒体、政府的关注，让人们看到一种新的乡村建设模式和希望，尤其是山西许村、甘肃石节子村、河南郝堂村等乡村艺术乡建的成功让政府也逐渐开始尝试与艺术家进行合作，以艺术节模式推动乡村文化、产业和经济等方面的发展。这种由地方政府与艺术家合作的大型艺术节模式试图通过当代艺术的力量推动当地乡村旅游业发展并打造本地文化品牌，其突出特点为当代性和在地性。此类项目的发起人对当代艺术激活乡村内在价值和推动经济发展持有巨大的热情。但是也有很多乡村艺术节存在很多问题，有些艺术节首届举办得轰轰烈烈，之后就再没有声音，戛然而止、昙花一现。有些艺术节只局限于艺术家的圈子，乡村成为艺术家的个人表演舞台和城市艺术的延续。追其缘由，还是没有处理好艺术与乡村两者的边界，没有平衡好艺术家、企业、政府与村民之间的关系。虽然目前我国地方政府与艺术家合作的大型艺术节存在各种问题，但是我国的艺术家、建筑师、文化学者和各地支持艺术乡建的政府还是付出了巨大的努力，目前已有较多的实践案例，如乌镇国际当代艺术邀请展、东莞道滘新艺术节、隆里国际新媒体艺术节、重庆合川国际新媒体艺术节、阳澄湖地景装置艺术季、楼纳国际山地建筑艺术节、关中忙罢艺术节等。

目前地方政府与艺术家合作的艺术节模式取得了一定的成绩，但还需要处理好以下几个方面的问题：①协调与平衡当地政府、艺术家、企业、村民之间的关系，正确处理艺术与乡村的边界；②尊重当地乡村的在地性、乡土性、地域性，丰富乡村内在价值和传统文化；③激活当代艺术的先锋性、批判性，强化当代艺术快速传播效应和艺术作品互动性；④激发村民参与性、互动性与积极性；⑤强调当地政府政策与经济可持续支持；⑥协同发展艺术文创产业与乡村旅游业，改善村民生活质量，提高村民经济收入，增强村民幸福感和自豪感。

相信在不久的将来，艺术会更好地融入中国乡村建设中，为其发展提供前进的动力。

一、隆里国际新媒体艺术节

隆里国际新媒体艺术节是由黔东南州政府与中国舞台美术学会等单位共同合办的艺术节，旨在通过举办艺术节促使艺术与乡村建设相融，激活隆里当地特色和文化资源，使新媒体艺术介入乡村、介入隆里当地人的日常生活，对艺术的乡村性、在地性、生态性和共生性等问题进行探索，实现乡村内在活力的有效激活，促使隆里文化创意与旅游产业协同发展，推动隆里经济、文化与社会的全面发展。隆里国际新媒体艺术节从 2016 年开始至今已成功举办了三次，由于一些特殊原因的影响，2019 年以后隆里国际新媒体艺术节没有举办，但是前三次隆里国际新媒体艺术节的成功举办，让隆里这个小乡村一举成名，游客数量大增，带动了当地文化产业和经济的发展。隆里国际新媒体艺术节的成功跟黔东南州政府与艺术家合作是分不开的，州政府大力推行大众创业、万众创新、全民创意的政策，提出设计强县、文创兴州的口号，通过举办创业、创新、创意大赛，激活隆里农、文、旅、商、产协同发展，实现了经济、文化和社会发展。

国际新媒体艺术节的举办让隆里走向了世界，成了当地最具吸引力和影响力的新名片。第一届艺术节的艺术作品偏向于影像类，以新媒体技术“艺术＋科技”的方式转变了人们的观念，使人们逐渐了解到艺术与乡村是可以结合在一起的。第二届艺术节的主题为“共识·移觉·融通”，围绕乡村、艺术、空间展开，把艺术节办成了田野上的新媒体艺术大舞台。第三届艺术节的主题为“他乡·在场·转变”，注重文化品牌塑造与输出，艺术创作与乡村产业相融合，催生了新媒体艺术产业落地和旅游发展。中国舞台美术学会会长曹林担任隆里国际新媒体艺术节的艺术总监和总负责人，他邀请了国内艺术大咖、设计师、知名艺术院校师生参加艺术节的艺术创作，不断完善作品，挖掘古城的人文价值和历史遗迹，从而使隆里当地的文化 IP 质量提升。他还探索了如何把新媒体艺术资源转换成经济资源，促进古镇文化遗产保护与开发，以达到艺术乡建的目的。艺术节的社会价值和意义高于经济价值，艺术乡建过程中，艺术家的艺术创作要融入当地文化性和在地性，强调艺术家、政府、企业、农民等协同合作。最后，艺术节主要解决的是乡村文化氛围营造与流量大小的问题，是一种逆城镇化发展的衍生物，是城乡文化交流中一种非常积极的方式。历届隆里国际新媒体艺术节具体内容如下（表 2–2–1）。

表 2-2-1 隆里国际新媒体艺术节具体内容

届数／年份	活动主题	主要内容
第一届／2016	黔岭新媒·秘境奂影	倡导把当代艺术融入日常生活，用“艺术＋科技”相融合的发展模式让隆里古城焕发新的生机
第二届／2017	共识·移觉·融通	通过新媒体艺术，以“互联网＋文化＋旅游”的模式使舞台美术走向更广阔的自然空间，为隆里乡村旅游业注入活力，把艺术节办成田野上的新媒体艺术大舞台
第三届／2018	他乡·在场·转变	通过新媒体艺术激活隆里古城人文价值、地域特色，把新媒体艺术资源转为乡村建设资源，促进当地文化资源与旅游产业相融合，优化隆里本地产业结构

二、东莞道滘新艺术节

东莞道滘镇历史悠久，曲艺文化氛围浓厚，20 世纪 90 年代末被评为“中国曲艺之乡”“中国民间艺术之乡”，21 世纪初又被评为“中国民间文化艺术之乡”。第一届东莞道滘新艺术节于 2016 年应运而生，道滘镇政府、企业、艺术家和民众等多方力量促成了本届艺术节的举办。东莞道滘新艺术节希望通过举办艺术节，集聚艺术行业人才，使当代艺术介入乡村建设，吸引文化创意机构进驻乡村，促进当地经济发展，促使乡村出现新的生态和秩序，把道滘镇打造成珠三角乃至全国都有较大影响力的文化产业基地。李振华、范明正、李战豪等艺术家邀请国内外知名艺术机构、艺术家共同策划了第一届东莞道滘新艺术节，以“光年”为主题，策划了“绘画与图像”“装置与委托创作”“新媒体建筑投影”“放电影”四个展览板块，从新科技、新媒体和新艺术的“三新”角度突出东莞道滘新艺术节的立意。首届东莞道滘新艺术节的建筑立面投影光影展最具特色，在旧粮仓工业建筑立面呈现当代影像艺术，突出了古老与创新、国际化与区域化的和谐共生。

2017 年该地举办了以“共建”为主题的第二届东莞道滘新艺术节，本次艺术节最大特点是联动了道滘镇的旅游节、美食节，诸多当代艺术作品点亮了这个艺术小镇。第二届东莞道滘新艺术节强调艺术创作的在地性、互动性、公共性和实验性，以“生活”为切入点，艺术家创作的作品具有草根性和大众性，艺术作品展示空间既有室内的也有室外的，人们将一些旧粮仓、旧学校、厂房等建筑改造成了“小型美术馆”。东莞道滘新艺术节希望通过文化艺术的复兴和转型，使原先的“世界工厂”转变为“艺术小镇”，这样既可保护当地特色建筑，又可展示当地民间艺术，促进道滘镇传统文化和经济发展，实现艺术与乡村和谐共生。

三、关中忙罢艺术节

2018年，西安美术学院武小川教授、张亚谦博士等人成立了关中艺术合作社，在关中地区发起了一系列艺术介入乡村建设的实践活动，并于2018年6月在西安市鄠邑区蔡家坡村创办了第一届关中忙罢艺术节。关中忙罢艺术节试图让艺术与乡村相结合，通过“关中忙罢会”的现场艺术创作与村民互动环节，将乡村传统生活方式、文化价值、行为规范、乡村秩序与当代艺术、高科技和现代文明相融合，以合作互助、协商互动为根本，构筑城市与乡村、艺术与乡村相互成就的有机关系。在此次活动中，艺术家与村民一起合作利用当地材料将麦田变为艺术创作空间，将整个村庄变成合作艺术、社会艺术、大地艺术的载体，使艺术现场与麦地融为一体、传统文化与现代技术有机结合，

乡村与艺术交融互动，可以促进乡村经济、文化和产业发展，提升村民参与性和主动性，激活乡村内在价值和文化传承。艺术介入乡村建设的意义在于通过艺术复兴传统的中国“生活式样”，提升乡村价值，将旧文化转变为新文化，推动“乡土中国”向“生态中国”发展。

2019年第二届关中忙罢艺术节以“终南山下·享·关中忙罢艺术节”为核心目标，突出在地性、生态性和实用性原则，努力创建了“艺术＋自然＋乡村”三者相融的文化IP。本届艺术节设立了终南戏剧节、麦田艺术展、合作艺术项目、关中粮作项目四个板块，活动丰富，尤其是蔡家坡村村民自发组织与自演的“蔡家坡文艺之夜”庆典晚会，使游客在欢快、热闹的艺术晚会中潜移默化地把关中儒家“关学”所倡导的“乡约”“乡礼”等文化礼俗、乡规乡约牢记心中，实现了乡村生活、乡村情感等并置同构，让村民对当地文化感到更加自豪。本次艺术节举办的意义在于以农业生态为根本，以终南山自然景观为依托，以艺术节的丰富活动为基础，坚持实践与设计服务相融合，提升民间文化活力，延续历史文脉，探索乡村文化振兴的关中模式。第二届关中忙罢艺术节活动具体如下（表2–2–2）。

表2–2–2　第二届关中忙罢艺术节活动

时间	项目	展演团队	地点
5月21日	第二届忙罢艺术节新闻发布会	主办单位、承办单位	乡剧场
5月21日	蔡家坡村美术馆揭牌仪式	主办单位、承办单位	蔡家坡艺术小院

续表

时间	项目	展演团队	地点
5月21—30日	世界乡村电影放映季	西安美术学院实验艺术系、鄠邑区文化中心	蔡家坡村委会广场
5月29日	乡剧场（一期）揭幕	蔡家坡村	乡剧场
5月25日—6月20日	合作艺术作品展	西安美术学院实验艺术系本科二、三年级学士、研究生	蔡家坡艺术小院
5月25日—6月20日	单车行	100辆单车	蔡家坡村委会
6月1—20日	瓜棚民宿	接受网上预订	蔡家坡A麦田
6月1—20日	美食一条街	—	蔡家坡四组
6月1日	蔡家坡村文艺汇演	蔡家坡村	乡剧场
6月1—20日	麦田艺术展	刘庆元、王志刚、杨峰、赵海涛、傅强、武小川、张亚谦、王名峰等	乡剧场
6月3日	麦田戏剧之夜	西美实验艺术先锋剧社等	乡剧场
6月5—8日	鄠邑区摄影展	鄠邑区摄影家协会	乡剧场广场
6月5—10日	鄠邑区农民画作者采风	鄠邑区文化旅游局	乡剧场
6月7日	麦田秦声之夜	鄠邑秦剧团、周至县秦剧团等	乡剧场
6月8日	麦田交响之夜	县音乐协会交响乐团	乡剧场
6月9日	艺术节媒体导览，村民艺术公教活动	西安美术学院实验艺术系	蔡家坡村史馆
6月9日	麦田守望之夜暨第二届忙罢艺术节庆典晚会	西安美术学院实验艺术系	乡剧场
6月15日	万邦·阅读大秦岭名家读书分享会	万邦书城	乡剧场

第三节　艺术院校项目实践模式

艺术介入乡村建设的第三种模式为艺术院校项目实践模式，这种模式大多数以艺术院校师生与当地乡村共同开展的多元化、艺术化、在地性艺术创作为主，在尊重当地文化价值的基础上整合了当地现有资源，利用艺术设计专业特点为乡村提供了公共艺术作品，对乡村整体形象和农产品进行了视觉设计，提升了乡村公共环境品质和产品包装设计水平，激活了乡村价值并优化了乡村整体视觉形象，提升了村民生活品质和人居环境质量。它不仅具有灵活多变、自由组合的形式特点，而且具有较高的学术研究价值和现实意义。随着艺术介入乡村建设的实践活动越来越多，艺术院校也逐渐参与到美丽乡村建设中，当前我国艺术院校的环境设计、视觉传达设计、建筑学、数字媒体艺术、动漫设计、摄影、雕塑、绘画、公共艺术等专业都积极参与了当地乡村建设与设计实践。目前，四川美术学院焦兴涛等人在贵州桐梓县羊磴镇发起的羊磴艺术合作社、中央美术学院雕塑系第五工作室发起的贵州雨补鲁村艺术乡建活动、中国人民大学陈炯等人在湖北孝昌县磨山村发起的艺术乡建活动、北京大学向勇教授等在四川大巴山举行的艺术乡建活动、上海阮仪三城市遗产保护基金会的阮仪三先生等人发起的福建延平乡村艺术季较为著名。据课题组调查发现，我国东部地区高校的艺术设计学院都或多或少地参与了当地的艺术乡建活动。

艺术乡建以艺术家在乡村从事的当代艺术、公共艺术、装置艺术的艺术实验和实践为主，提高了我国当代艺术在世界艺术领域的话语地位，具有一定的艺术先锋性和批判性，同时它也为我国乡村振兴带来了不可忽视的建设力量和贡献。这也许是艺术乡建在当下艺术语境里获得的建设成果和真正需要实现的目标。这些社会实践包括从乡村建设的讨论到如何建设新的乡村，多样化的探索为未来乡村找到了多种路径，所以当代艺术介入乡村建设也有可能成为改变乡村现有状态的一种新途径。

一、四川美术学院贵州羊磴艺术合作社

2012 年四川美术学院焦兴涛与一群年轻艺术家来到羊磴镇，他们在这里成立了羊磴艺术合作社，其初衷是让艺术家与当地村民共同开展综合性艺术实践，以进入、观察与直面的态度去记录和践行艺术，在中国社会最平常的民间区域中触摸交织、庞杂的日常与现实。他们提出“五个不是”原则，即羊磴艺术合作社不是采风、不是体验生活、不是社会学意义上的乡村建设、不是文化公益和艺术慈善、不是当代艺术下乡。这就说明了焦兴涛这群艺术家来到羊磴镇是以艺术的方式与当地村民合作的，这种合作方法使羊磴镇村民的日常生活更具艺术性、丰富性和多元性。把艺术与生活融为一体，艺术家与村民共同参与适合当地村民的艺术项目和活动，使羊磴镇村民的日常生活更加快乐。

羊磴艺术合作社尝试将艺术还原为一种“形式化的生活”，并重新投放到具

体的社会空间中，强调“艺术协商”之下的“各取所需”，意图在对日常经验进行的表达中保证艺术和生活的连续性。焦兴涛与四川美术学院的师生，以及青年艺术家按照自己的方式，以“艺术协商”“有方向无目标”“警惕意义”等核心词来定义羊磴艺术乡建，他们非常注重当地人的日常生活，不轻易改变和转变村民的思想和表达方式，也不轻易对艺术乡建的目的和意义做宏大构建，他们就像羊磴镇村民的远房亲戚，以“他者”的角度关注和帮助羊磴镇，因为羊磴镇永远是属于村民自己的，村民一如既往地生活在这片土地上，焦兴涛与艺术家只是与当地村民协作一些“乡村木工计划”“冯豆花美术馆”“小春堂文化馆”“羊磴十二景”等艺术合作项目和实验，让这个所谓“没有历史”“没有故事”的小镇开始试着讲述自己。今天的艺术已经不再是仅针对一个阶级、一个阶层、一群精英或者一个机构的客体了，对当下艺术身份的理解也表明了其自身重点的转变，即其重点从“艺术”这一客体自身往具体的生活形式移动。羊磴艺术合作社为当代艺术乡建提供了一个较好的参考范式，并起到了警示作用，那些打着以艺术之名试图快速激活乡村文化和经济发展的艺术乡建都是不可取的，因为艺术介入乡村建设的最终目的是要激活村民的主动性和参与性，不能陷入“乡建在动，村民不动”的局面，只有调动了村民的内在积极性，乡村才能得到可持续发展。所以，艺术乡建是一场持久的、缓慢的、柔和的修复乡村自身价值和激活村民共同参与性的乡村建设运动。

二、中央美术学院贵州雨补鲁村艺术乡建活动

中央美术学院的教学和社会实践的内容以如何乡村建设、修复乡村文化生态为核心，“乡兴艺润——雨补鲁”就是一个非常典型的艺术院校参与乡村建设的案例。2015 年中央美院吕品晶教授及其团队受黔西南兴义市政府邀请参加“雨补鲁村村落保护项目”，以提升雨补鲁村基础设施质量，优化村容村貌，推动乡村经济和产业发展，传承乡土文脉，修复村落文化生态，激活乡村内生动力为基础，探讨艺术介入与激活乡村内生动力的新机制，促进雨补鲁村文化、经济、旅游业等方面的发展。他们从雨补鲁村古村落建筑与环境改造入手，在单体建筑改造上采用合理改造、保护为先的策略，在村落环境改造上突出乡村特色，强调文脉。通过对古泉、古树、古道的保护与规划，保留了雨补鲁村依山势呈半环状的空间布局，主路以大榕树祠堂为中心轴，街道沿山脚向东西两侧自然伸展，其辐射范围内依然保持传统街巷的空间形态。

经过三年的建设和发展，雨补鲁村的村容村貌和公共空间质量得到了较大的提升和改善。2018 年，吕品晶副院长邀请国内外专家在雨补鲁村召开“乡兴艺润——雨补鲁乡村建设研讨会”，与会专家齐聚一堂共同探讨雨补鲁村未来发展的新思路与新的可能性。2019 年，雨补鲁村被列入我国第五批中国传统村落名录，吕品晶教授及其团队一直在为雨补鲁村的发展做出努力。通过艺术乡建，相关学者认为，村民在艺术乡建中最大的问题是观念，一些旧观念根深蒂固地刻在每个村民的心里，如果村民的旧观念得不到改变，做再多的硬件建设都不能解决乡村内生性发展问题。雨补鲁村艺术乡建活动使雨补鲁村传统的聚落空间得到保护和恢复，改善了乡村的人居环境，实现了雨补鲁村产业振兴和文化复兴。

三、中国人民大学湖北孝昌县磨山村艺术乡建活动

中国人民大学艺术学院设计系主任陈炯副教授与“艺乡建”团队一直致力于艺术乡建活动，通过近十年的努力探索，他们总结了一套艺术激活乡村建设活动的实践方案。陈炯认为，艺术不仅在保护、保留乡村风貌方面发挥了作用，还能够助力政府工作，推动乡村生产、生活、生态的健康发展。2016 年，中国人民大学“艺乡建”团队开始对湖北孝昌县磨山村樊家湾进行改造，以艺术为切入点，创造性地探索艺术激活乡村建设的可能性和可行性。他们通过对樊家湾历史人文、村容村貌、景观生态和周边环境进行实地调研，对村民进行访谈，结合磨山村独特的自然资源、石质资源，使更多村民共同参与艺术乡建。首先，从开发石材文创产品开始，为了提高石材的附加值，他们与村民一起设计了“叶”“山水”茶台，随后又开发设计了相关文创产品，提高了村民经济收入。其次，利用当地手工针织杯垫、坐垫的工艺与村庄石头进行嫁接，创作了“心聚”“毛衣”等公共艺术，从而使乡村产生了新的公共艺术作品。在村民参与艺术创作的过程中，艺术改变了村民的观念，改变了村民无所事事，只爱打麻将的习惯。最后，对磨山村进行总体规划，提升磨山村整个村庄的视觉效果和景观环境，他们从乡村历史文化和乡土价值出发，对磨山村进行了顶层规划，为村民设计了民宿、村史馆、石艺博物馆、石艺广场等公共建筑和空间。总结起来，磨山村艺术激活传统村落的创新设计包括三个阶段：以文创促“非物质文化”走向市场；以文创促原生态、传统手工艺良性发展；村庄规划先行，通过合理的村庄规划保证前两项目标的实现，并健康循环。

艺术院校参与乡村建设已得到社会、政府和村民的认可和肯定，尤其是一些

知名美术院校通过艺术教育、艺术写生采风、艺术实验等方式参与到艺术乡建实践中，提升了当地乡村的文化价值，激活了村民的参与性，增强了村民的自豪感，促进了旅游业发展。但是不管今后艺术乡建如何发展，它都要遵循持续性、参与性、跨学科、批判性及对话性的发展方向，艺术介入乡村建设始终是围绕乡村出现的问题展开的。

第三章　艺术助力乡村建设的形式

从现实角度来看，经济高速发展在一定程度上使乡村文化出现了传承断层和遗失的情况，一些传统习俗、民俗文化、传统手工艺等亟待被人们发现、利用和传承。近年来，乡村正逐渐回到人们的视野中，在年轻一代中，返乡热度持续增长，但随之而来的，如环境污染、基础设施不足等问题，让大多数返乡人又不得不返回城市。这样一来，不仅不能振兴乡村，反而会对乡村原有生态造成一定程度上的破坏。

本章为艺术助力乡村建设的形式，分为四个部分，依次是书院文化打造、“家文化”打造、艺术集市构建、乡村品牌建设。本章研究了艺术介入乡村文化建设与经济建设中的具体路径，以提高乡村文化活动与经济活动的可参与性、体验性和代入感来实现文化、乡村风貌的有效复原和可持续发展，最后达到振兴乡村的目的。在这个探索的过程中，笔者逐步完善理论，不断地收集国内外优秀案例，同时进行实地实践，总结出了贴合我国国情的乡村振兴具体路径。

第一节　书院文化打造

乡村振兴的主体是“人”，激发村民内生发展动力是乡村振兴过程中的重要一环。书院是中国传统文化中的特有概念，它是中国士人展开一系列与书相关的活动的场所。笔者将传统村落中重要的精神根基——乡村书院作为切入点，研究了其在乡村文化资本向经济资本转变过程中起到的作用，并以问津书院为例，分析了当下乡村书院发展境况与意义。为了进一步实现乡村振兴，提高村民的自我认同感与文化建设参与度，本书从空间造型、意识形态改造、旅游业兴盛三方面探索了乡村书院在传统乡村振兴与恢复方面的艺术手段。

一、乡村书院概述

（一）乡村书院的概念

“书院”一词是中国传统文化中特有的概念，萌芽于唐末，发展于宋代，是指在漫长的历史发展进程中中国士人开展一系列与书相关的活动的场所，不论是藏书、教书，还是读书，都发生在这一方天地中。书院多由官府或者私人所设，一般供给聚徒讲习、研究学问的人所用。而乡村书院，顾名思义，与其所在的地理位置相关，指建在乡村且将招生范围确定在所在地的书院。

它的创建情形有四种：一是某人单独创建；二是某人倡建，众人共建；三是乡人共建；四是官府倡建或创建。需要强调的是，由于我国传统乡村中根深蒂固的宗族与血缘观念，除官府书院外，实际上其他乡村书院都与家族书院有较深的联系，多由当地的富户、学者自筹经费所建，用以培养族中子弟，以求得“出将入相”，具有一定的宗族荫蔽的目的。从某种意义上来说，也可将乡村书院视作家族书院在生源与范畴上的延伸。

（二）乡村书院的特征

作为中国农村地区主要的文化教育组织，乡村书院数量多、分布广，扎根于乡村社会，以封建社会中占主导地位的儒学观念、道德伦理为主要授课内容，在一定程度上承担了将这些知识文化与传统观念向广大基层人民进行普及的任务，并促成了民众价值观的形成。同时，作为家族与乡村社会文化活动的中心，乡村书院不仅是发展教育之载体，也是纯正风俗之源头。

它具有如下三个特征：其一，开设数量多，分布范围广，作为文化教育组织，在乡村地区具有极其强大且鲜活的生命力；其二，招生范围限定为所在地的一乡一村，服务区域小，辐射面积小；其三，教学层次不高，一般只起到教育普及的作用。

（三）乡村书院发展情况与意义——以问津书院为例

传统村落凝聚着中华民族精神，乡村的自然文脉、风土人情、生态面貌构成了乡村独有的知识、管理与信仰体系。随着清末书院的改制，乡村书院基本改建为民居或祠堂，也有部分作为学堂被保留。但是随着城镇化的快速推进，传统村落的没落与衰败成为一个无可回避的话题，而作为传统村落典型代表的乡村书院也随之走向没落。现今，大部分得以留存的乡村书院多被赋予了新的功能。

以湖北省武汉市新洲区的问津书院为例，现今其作为保护单位被打造成了景点供游客参观学习。高峰时期的游客量平均每日可达2000人左右，主要辐射范围为本省游客，新洲当地居民数量达六成，武汉市游客达三成，另有外省游客通过网络及亲戚朋友间的联络，借年节假期来此进行参观。问津书院距离城镇中心只有一小时左右的车程，这为其发展提供了便利。

此外，当地政府依托问津书院开展了“问津讲坛”“孔子诞辰纪念活动”“旧街花朝节”等有助于传播与弘扬传统文化的活动，极大地丰富了人们的精神文化生活。随着书院的修复落成，当地也自发性地恢复了祭孔典礼。并且，由于书院的特殊意义，其也成为当地人为考生祈福的又一场所。问津书院因时代性衍生出了新的功能。

同时，问津书院也成了当地青少年接受文化教育的场所。其中，出售的各类教育书籍及当地的文化志与儒学经典也在一定程度上提高了问津书院的经济收入，并为当地人提供了相关工作岗位。新洲区对问津书院的深度开发对当地旅游业的发展起到了十分重要的促进作用。

当然，问津书院只是广大在存书院中具有代表性和参考价值的一处。实际上，对于现存的乡村书院来说，由于其数量众多、分布广泛的基本特征，人们往往难以对其进行一一统计。并且，部分书院在选址时也常以僻静处为先，往往地处偏远，留存位置不明，这更不利于调研工作的展开。

二、作为乡村文化集成体的乡村书院

随着时代的发展，为了进一步实现传统村落的振兴，提高村民的自我认同感，乡村书院所需要承担的责任已远远超出原本的教书育人与文化普及。当下人们提到的乡村书院更多的是将建筑形制、传统功能、愿望诉求等元素融合并包为一个整体展示于人前的书院。只有以全局性的观点切入，将乡村书院作为乡村文化集成体去看待，去讨论它的用途与效益，才能进一步思考艺术手段在此层面上的有效介入与激活。

（一）乡村书院建筑空间的内涵与改造

乡村书院建筑空间是承载乡村书院功能的场所。一方面，其具有所在地的建筑的特色；另一方面，它也体现了儒家思想中的“礼”之精神，往往在空间布局上严格依照礼制，以中轴线为统领，主体建筑在轴线上依次布置，在空间高度上逐步上升，以表达封建礼制中的主次分明、尊卑有别的思想。

从直观表现上看，中国传统村落衰败最明显的地方在于传统民居建筑与公共建筑在城镇化冲击下的消亡，乡村书院就是其中具有代表性的一种。那么如何改造传统乡村书院的建筑空间，使重构后的乡村景观能够更适应大众的审美趣味，从而吸引大量城镇人口的视线，直接带动当地旅游业的发展，这是艺术介入乡村建设时需要思考的问题。在不推翻传统文化的基础上巧妙地赋予乡村书院新的文化内涵，实现对传统书院建筑的改造与活化，用艺术的手段来对整个乡村的文化格调进行提升，是在乡村文化集成体物质表象构建上的一次探索与尝试。

（二）乡村书院对文化心理诉求的承载与传达

中国乡村的人口基数较大，乡村人口天然有着对知识的尊敬与向往。并且，“耕读传家”“崇文重教”这样的文化思想正是在中国古代传统社会一些知识分子半耕半读的生活方式下形成的。乡村书院作为传统村落中极为重要的文教场所，无疑承载了这种文化思想，并且，它一般坐落在乡村中风景宜人的地方，会成为乡村中引人注目的重要景点。

在这里需要注意的是，如今乡村建设所面临的问题与之前不同，而作为文化集成体的乡村书院所承载的文化心理诉求也随着时代的变化产生了一定的变化，如留守儿童和空巢老人的精神文化缺失、文化断层等问题，故而人们也要根据实际情况做出相应的调整。那么，如何引导村民逐一去解决互助养老、儿童教育等问题，其实也是艺术乡建推动者需要思考的问题。乡村书院不应该只为城市居民提供服务，也要为当地村民提供一些服务，使其精神生活得以丰富。

（三）乡村书院对乡村文化资本的构建与转向

乡村文化资本包括乡村所拥有的各种象征性的文化，如物质文化、精神文化、制度文化、行为文化等，而乡村书院本身的建筑形式对物质文化（耕读传家的精神文化、传统礼乐思想的制度文化）的传承就决定了乡村书院作为一个文化集成体将对文化资本构建起到重要的作用。以乡村书院这一集成体为点，以点带面，围绕乡村书院来构建乡村文化资本无疑是省时省力的方法，既避免了文化的过度包装或与乡村实际脱节的生硬植入，确保文化资本具有本土性和延续性，也最大限度地保留了乡村独特的历史风貌。

而使乡村自有的文化资本转向为经济资本，最终还是需要借助艺术这一抓手。艺术首先可以切实地从物质上的建筑空间着手，实现地标文化建筑的打造，完成对传统村落现代公共空间的建设，并通过推广与传播的手段打造乡村品牌。

这种属于乡村的特定文化符号、时尚格调，恰恰就是乡村文化资本构建的关键要素。

三、乡村书院的艺术振兴之路

乡村振兴、艺术乡建等绝不是简单的对乡村建筑的翻新、基础设施的建设、文明标语的刷涂，甚至不限于乡村本身文化的复兴和活力的注入。

传统村落的振兴与恢复必然要走一条可持续发展的道路。以乡村书院这一文化集成体为核心，以艺术的手段来介入乡村建设，一方面需要在空间造型上对其进行恢复与创新，借用其实际功能启迪村民；另一方面需要对以乡村书院为载体的乡村文化教育进行激活，并在这个过程中带动乡村产业的发展，实现对村民共同体意识的培养，并最终做到乡村文化的反向输出。

（一）建设乡村书院空间，提升村民的素质

在现行的乡村书院建设项目中，不难发现，许多地方的乡村书院是以一个旅游景点的形式存在于当地的，与地方村民之间的关联性相对较弱。书院的建设只考虑到了参观游客这一群体，未曾从地方村民的角度出发，思考书院对于村民文化素质提高的意义，导致村民并非既得利者，且有时会反受其扰，这不利于乡村社会的发展。

设计是为了解决问题而存在的，与之相对的，乡村书院教学空间的设计也应与课程的存在形式和需求相符，如将课程内容编为容易理解也便于人们记忆的歌谣或排为喜闻乐见的剧目，以一种更易于接受与亲民的方式给村民提供知识，特别是乡村儿童，使其在戏剧表演中提高自己的表现力和理解力。解决乡村教育痛点，满足乡村家庭的教育刚需。这同样是具有多种存在形式的艺术可以介入乡村建设的方向。

（二）改变乡村的固有形态功能，增强村民共同体意识

村民的共同体意识是在乡村构建共同体的实践中形成的。作为丰富村民公共生活与精神生活重要载体的乡村书院，无疑是一个重要的共同体，对于其学习空间的建设也必然会带动当地的乡风文明建设，并在此过程中逐渐消解村民之间的矛盾，潜移默化地增加当地村民的凝聚力，以及对于场所本身的黏度，起到振兴乡村的作用。

本书讨论的乡村书院空间实际上涵盖了更广的范围，它作为一个点带动了乡

村整体的发展与固有形态的优化，需要一个整体性的设计方案。实际上，乡村书院发挥的不仅仅是开设相应理论课程的作用，如修身、家庭教育、国学、儒学等，其发挥了理论与实践并行，改写乡村原本固有形态，开发出更符合现代需求的课程的作用。例如，学员在书院读书，在乡野间耕作，在农家小院居住，在购买手工制品的同时拉动了周边生态农业、民宿、文化创意产业等旅游产业的发展。这是一个一体化的运营模式，只有当乡村整体协调平衡发展时才能收益最大化。在这个过程中，当地村民在精神上或者经济上都能够获得切实的收益，书院本身与村民的生活和利益息息相关，共同体意识会在此基础上得到培养。

（三）实行文化反哺，催生文化旅游业

乡村书院的空间建设与改造在一定程度上实现了城市对乡村的文化反哺。所谓的“文化反哺”是指年青一代将文化及其意义传递给他们身边的年长一代的新的传承形式。放在乡村与城市的关系中，也可以理解为是城市文化机构、群体、媒介对乡村书院空间的介入与帮助，如下乡青年大学生、志愿者、公益组织、艺术家等在乡村书院这一公共性的空间中开展的文化艺术活动，为乡村带来了关注与流量，从而达到推动传统文化传播与提升传统村落文化活力的目的，进而催生文化旅游业。

需要注意的是，城市对于乡村文化空间的反哺一定要在尊重当地文化基因与脉络的前提下进行，绝非简单的城市资本入场。乡村书院是乡村的书院，发生在乡村书院的文化艺术活动不能“曲高和寡”“高高在上”，也不能只有城市艺术家的自娱自乐、孤芳自赏，必须有当地村民的参与，必须发掘当地的文化特色，做到“接地气”。这样才能真正催生当地的文化旅游业，而非将城市的活动照搬到乡村。

第二节　“家文化”打造

从古至今，中国人都是以家为单位生活在这个社会中的。家庭成员的思维习惯和行为习惯会相互碰撞、磨合、发展、传承，形成一种对整个家庭或家族有着较大影响的文化——“家文化”。“家文化”的核心是价值观及其派生的行为规范、道德准则、群体意识、思维方式等，其直接影响着家庭成员在社会生活中的行为。

积极完善乡村的“家文化”能够培养村民对家庭的热爱，提升其对家族的责任感，以及对家乡的深厚情感，这种文化内涵的强化能够显著增强村民之间的团

结性和内在的动力。在实施乡村振兴战略的大背景下，“家文化”的打造显得尤为关键，它不仅能够促进农村社会的和谐稳定，还能够激发村民自我发展的积极性，从而为乡村振兴战略的顺利推进提供坚实的群众基础和精神动力。并且，这种文化的推广和传承对于实现中华民族的伟大复兴，构建中国梦，具有不可替代的推动作用。

然而，在现代化、城镇化、工业化的浪潮中，我国乡村的整个体系结构及村民的生存状态都发生了前所未有的改变。随着经济结构的转型和生产方式的改变，村民的思维方式、价值观念及生活方式也逐渐改变。在这样的背景下，原本深植于乡村社会的“家文化”遭受冲击，其影响力逐渐减弱，导致许多乡村的文化传承、经济发展受到影响，甚至一些传统的家庭伦理和道德规范也处于被遗忘的境地。这种变化对于乡村的长期发展构成了威胁，需要人们深思并采取有效措施来应对。

在具体的研究中，人们也从物质及非物质两种层面来阐述弘扬优秀“家文化”的途径与原则，以小带大，期望在为“家文化”研究提供理论补充与现实指导的同时振兴乡村。

纵观中国的发展历史，“家”始终是中国人磨灭不掉的印记，它承载着所有人对生活的最终幻想，它也是人们最终的归属地。“家”产出了一种道德文化，将中国社会一步步引向文明，它承载着辉煌灿烂的中国文明。在漫长的历史长河中，“家文化”将中国的文明、政治、礼俗与文化生活融合在了一起。人们所接受的“家文化”不仅影响着其家庭关系和家庭生活方式，也与社会其他部分所需的人类行为模式有着千丝万缕的联系。在家庭内部，“家文化”是一种能激起人们家庭情感和凝聚力的文化。“家文化”的有效传播可以协调家庭成员之间的关系，排解矛盾，使家庭形成向心力和凝聚力，使每一位家庭成员自觉地完成家庭义务。在社会中，“家文化”是一种具有强大社会服务功能的文化，家庭成员从家庭文化中接受的价值观和行为方式不可避免地影响着自己对其他社会组织和关系的认识，良好的“家文化”具有积极作用。

一、艺术乡建助力“家文化”弘扬的原则

（一）立足于中华优秀传统文化

弘扬“家文化”必须立足于中华优秀传统文化。优秀的价值观都有其固有的根本，抛弃传统、丢掉根本，就等于割断了其精神命脉。在现代社会，人们应重

温儒学经典，汲取儒家思想精华，同时深深扎根于乡村、走近村民的生活，促进传统“家文化”的现代化转换和实际融入，摒弃传统文化中的糟粕。在弘扬传统美德的同时，艺术乡建要实现村民对“家文化”的认同，以及对社会主义核心价值观的文化认同和价值认同。

（二）因地制宜

乡村“家文化”是深深根植于中国广袤大地上的文化现象，它的形成和发展受到诸多因素的影响，包括地理环境的多样性、不同民族的习俗传统，以及各地独特的气候等。正是这些因素的交织融合，乡村“家文化”才展现出丰富多样的文化个性。每个乡村都有其与众不同的特色和内涵，这种独特性不仅是乡村“家文化”生存的基石，也是乡村的魅力所在，吸引着人们去探索和了解。

基于此，在对待乡村“家文化”发展问题上，人们必须立足于乡村的具体实际情况，充分理解和尊重每一种文化的独特性。人们应当在深入研究和挖掘各地特色“家文化”的基础上，寻找和释放其潜在的发展动力。同时，人们还应当创新乡村“家文化”发展的实践模式，使其既能保持传统的韵味，又能适应现代社会的需求，实现传统与现代的完美结合。这样，乡村“家文化”才能在新时代背景下焕发出新的生机和活力，为社会发展和文化传承做出更大的贡献。

首先，应当以各地独特的地域文化为基础，借助具有鲜明地方特色的乡村文化，以及人们内心深处的家乡情结，将村民对故土的眷恋之情转化为实际的“家文化”建设活动。这样的方式可以有效推动本土文化核心力量的汇聚和提升。其次，要通过“家文化”品牌的建设树立乡村文化自信，增强村民归属感与认同感。最后，促使城市文化资源向乡村延伸，不断繁荣乡村文化市场，使乡村“家文化”建设活动焕发活力。

（三）不断整合社会资源

人们应积极倡导并全面动员社会公益组织及高等院校的师生，使其深入参与乡村“家文化”建设的宏伟事业，携手共筑一个多元主体协同治理、和谐共进的文化发展新局面。此举不仅是对基层组织工作效能的展现，更是社会各界力量对乡村文化发展所需人文关怀的积极响应。

通过此途径，人们能够深入挖掘并充分利用“家文化”在乡村土壤中的独特文化意蕴与经济潜力，实现其价值的最大化。对村民而言，这一行动蕴含着深刻的教育与激励意义，有助于引导乡村“家文化”向更加积极、健康的方向发展，促使村民之间产生情感共鸣并相互理解，强化人与文化之间的和谐共生关系，以及乡村与社会各界之间的协调联动，共同推动乡村的全面发展。

总体而言，整合社会资源是文化创新与社会发展的新方向，其积极影响可以惠及全社会，值得人们深入推广并持续实践，从而不断推动乡村文化的繁荣兴盛与社会文明的全面进步。

二、艺术乡建助力“家文化”的打造

在乡村振兴战略的广阔蓝图中，艺术以其独有的魅力和较强的创造力，正日益成为推进乡村经济发展的关键动力。近些年来，各地艺术介入乡村建设的实践案例层出不穷。这些实践不仅丰富了乡村的文化，也激发了乡村的内在潜力，让村民在精神和物质层面的认知都得到了显著的提升。其中，值得关注的是通过艺术乡建助力“家文化”打造。

（一）弘扬“家文化”的物质途径

1. 修建现代宗祠

宗祠，作为昔日祭祀祖先、弘扬家族精神、执行族法家规及举办议事、宴饮活动的场所，其文化内涵深刻且广泛。宗祠承载着维系家族情感与增强族人向心力的重任，是弘扬“家文化”的坚实载体。通过在宗祠内举办各类活动，家族成员之间的情感得以有效强化。宗祠还具备调节功能，它能够在一定程度上规范族人的行为举止，协调内部矛盾，调整族人心态，进而促进家族成员的关系更加和谐，维护宗族生活的稳定，保证生产活动的顺利进行。此外，宗祠还具备显著的教化功能。借助其独特的建筑风貌、庄严的仪式活动及详尽的族谱记录，宗祠能够系统地梳理宗族关系，弘扬道德情感与法治伦理精神，能对族人产生深远的影响。

另外，在发挥宗祠传统作用的同时要适时增加其文化功能。

第一，宗祠应充分发挥展览功能。宗祠作为展示宗族历史和家族信仰的重要场所，其建筑布局、族谱等文化元素如同博物馆一般，能向世人展示某个家族的沧桑巨变。宗祠文化不仅是建筑艺术的体现，更是文化思想的传承载体。

第二，宗祠应深入挖掘旅游功能。通过将宗祠打造成为旅游标志物，可以有效促进乡村经济的发展。同时，可以进一步向游客介绍当地的文化和社会情况，丰富乡村旅游资源，为游客提供更加全面、深入的旅游体验。

第三，对宗祠进行艺术化包装也是提升其影响力的重要手段。乡村可通过使用图腾符号等具有辨识度的元素来打造独特的宗祠品牌，并将其融入乡村文化经济圈中；也可以利用规划旅游路线等方式，进一步扩大宗祠的知名度和影响力。

第四，创办宗祠文化节是加强宗祠文化建设、提升乡村品牌效应的有效途径。乡村可通过与宗祠的交流合作，为相关学术研究提供平台，同时也可为教育基地的建设提供有力支持。吸引学校等教育机构前来学习交流不仅可以提升宗祠的文化内涵，还能进一步扩大乡村品牌的影响力。

综上所述，宗祠应发挥更多作用，为村民提供丰富的文化生活方式，加强乡村凝聚力，并带来经济效益。

2. 保护传统建筑

传统建筑是村民记忆中重要的具象符号之一。由于各地区的自然环境和人文情况不同，各地建筑面貌也具有多样性与独特性。乡村传统建筑是乡村特有的文化符号，潜移默化地影响着人们的归属感与认同感。乡村传统建筑的装饰语言以多样化的建筑元素与精湛的装饰手法为媒介，深刻表达了其独特的文化内涵，如门楣之上的精细雕刻、墙面之上的绚丽彩绘、梁柱之上的繁复纹饰等，均蕴含了深远而丰富的文化寓意。这些装饰元素不仅以其独特的审美价值展现出了乡村建筑的美观与大方，更承载着深厚的象征意义，是乡村文化传承的重要载体。乡村传统建筑的装饰形态多样、内容丰富、工艺精湛，既有华美的一面，又不失质朴与典雅之韵。这些装饰形态与内容、工艺不仅是古人热爱生活、追求美好生活的真实写照，更是他们传承并尊重文化与艺术的深刻体现。进一步来说，乡村传统建筑的装饰还融入了民族宗法观念、社会风俗、思想情感及审美意识等多方面的文化元素，形成了独具特色的民间文化。这些装饰元素不仅体现了古人对自然与宇宙的独特认知与敬畏，也反映了他们对社会与人生的深刻理解与感悟。

保护并进一步挖掘村落传统建筑中的文化奥秘，将其转化成具有美学价值的符号、搭配和谐的颜色及生动而富有趣味的故事，对于唤起人们对乡村家园的认同感具有重要意义。具体做法如下。

第一，将古村落建筑装饰中的图腾进行艺术化处理并赋予其吉祥、美好、喜庆寓意，以此来表达村民对神灵的敬畏及美好的生活愿望。将古村落中的文化符号与神话故事结合，如驱邪禳灾的“二龙戏珠”“福、禄、寿三星”，祈福纳吉的“龙凤呈祥”“八仙庆寿”“喜鹊登梅”“吉星高照”，用这些祥瑞的文化符号与神话故事唤起人们的兴趣，也可以将其制成文创衍生品，如胸章、本子、围巾、模型等。

第二，为村落制作专属气味瓶，加深游客对乡村的记忆。

第三，进行景观整修，营造拍摄基地，利用文艺风的文案进行网络营销，一方面创造拍摄基地收入，另一方面也是对乡村的宣传。

第四，开展体育性质的游戏活动（谜题探险、迷宫游戏或者知识越野），用另一种方式引导人们了解乡村，吸引城市工作人员到此团建。

第五，面向社会开展民宅设计大赛，最终胜出的方案可帮其实现，既扩大了宣传范围又免费获得了设计方案。

第六，招商引资，开设民宿。利用外部资金修建及维护民宿，不仅可以为当地解决就业问题，也可以为乡村经济的发展打下良好的基础。

（二）弘扬“家文化”的非物质途径

1. 保护非物质文化遗产

非物质文化遗产，亦可称为无形文化遗产，简称非遗，是指在不同民族和群体中，经过长时间的传承与发展，与人们的日常生活紧密相连的各种传统文化的表现形式和文化空间。我国非物质文化遗产不仅蕴含了中华各民族历代人民的智慧与创造力，更是文明传承的重要载体。它们充分展现了我国各个朝代人民的生活智慧、审美情趣与精神追求，是中华民族文化多样性的重要体现。

非物质文化遗产是某些民族的文化符号，承载着群体价值，具有凝聚作用。保护好村民的手艺和非物质文化遗产对于唤起村民家族自豪感与认同感具有重要作用。同时，保护和宣传非物质文化遗产、防止文化流失，对于促进乡村经济发展也有一定的意义。

当前，部分乡村的非物质文化遗产保护仅停留在静态层面，亟待将保护工作与村民日常生活深度融合。非物质文化遗产应置于特定空间之中进行展示，以全面呈现其原汁原味的民间艺术魅力。在民间传统节假日期间，人们还应积极组织并举办各类集会或民俗节庆活动，让传统节日重新回归村民的生活之中，通过实践体验与情感共鸣，进一步增强村民对非物质文化遗产的认知与传承意识。

首先，可以通过新媒体引流，开展体验式活动，如利用短视频宣传，设置优惠活动吸引游客，开展手艺课程和美食制作课程。其次，可以通过实景舞台剧展示非遗文化。以真实场景为舞台，通过音乐、舞蹈等展示民俗文化，也可以运用现代科技增强舞台剧的感官刺激能力，设计互动活动。另外，要重视村民参与。非遗是“生活文化”，对生存环境依赖性较强。通过村民的真实生活进行非遗展示，讲解非遗的发展历程和文化内涵，可以让游客获得真实体验。最后，要关注非遗文创产品。文创产品设计应围绕本土文化内涵和民族符号展开，使游客通过文创产品延续旅游体验。当然，文创产品应保证质量，具有收藏和欣赏价值，避免机械化生产。

2.弘扬优秀的民俗文化和风俗

民俗文化如同空气一般，弥漫在乡村生活的每一个角落，无时无刻不在影响着村民的生活。这些民俗文化既有实体可见的，也有口头传承的，甚至还有深植于人们观念中的。它们不仅仅体现在婚丧嫁娶这类重大事务上，也存在于村民日常生活中的娱乐游戏或者一些生活小细节之中。民俗文化因存在地域的不同而呈现出多样化的特点，大致可以分为生产劳动民俗、日常生活民俗、社会组织民俗及岁时节日民俗等几大类。它们是维系村民关系的纽带，人们因地域产生同样的风俗习惯，又因同样的风俗习惯而紧紧凝聚在一起。在各种事件发生时，人们都会按照本村的民俗文化来进行，这不仅让远行的游子归乡团聚，也会加深人与人之间的情感，同时增强仪式感，唤起人们内心的温情，增强其对家乡的认同感与归属感。外乡人对其他民族的文化产生好奇心会直接推动当地旅游业的发展，促进民族文化的互动与交流，如贵州长桌宴；傣族的泼水节；在山西的某些乡村中，给老人祝寿的时候，要把碗里最长的面条送给老人，祈求老人健康长寿，这已成为寿宴中最关键的仪式。

要想弘扬优秀的民俗文化和风俗，一是要鼓励文艺工作者进行民俗艺术创作。民俗文化是民众智慧的结晶，当前又逐渐与人们的现代生活相融合。文艺工作者应重视优秀民俗文化和风俗的传承保护，汲取其中的养分，创作上档次又接地气的作品。有关单位应鼓励文艺工作者以民俗文化为蓝本，创作反映乡村振兴的优秀作品，展示新时代村民的精神面貌，还要积极推进民俗文化挖掘工作，利用新媒体传承民俗文化，加强政策支持，扶持创作成果，奖励优秀作品。二是要培养民俗文化专业人才。高等院校和研究机构应设置相关专业，培养高学历人才，还要结合学校教育，开设民俗文化课程，培育本土人才，繁荣乡村文化市场。同时，重视培养专业传承人才，如文化能人、非遗传承人等。加大对传承人的培养力度，提升其社会地位，为其提供更多发展机会。三是要发展民俗文化产业体系。民俗文化在现代化冲击下生存空间缩小，产业化成为其发展的新选择。民俗文化的产业模式包括民俗旅游（民俗博物馆、民俗文化村）和民俗特色产业（手工制造技艺）。要进一步强化民俗资源优势，制订转化与发展民俗文化的方案，建立跨区域保护体系；建设产业园、制造基地，引入现代化管理方法，打造地方品牌，推动民俗文化产业规范化、规模化发展。

3. 制定家风、家训、家规

家风、家训、家规在中国人心里是如同“家魂”一般的存在，它自始至终都有着强大的向心力，将人们牢牢地绑定在“家”这个体系下。确立和传承家风、家训和家规，对于坚定不移地树立和弘扬爱国主义精神具有重要的意义。首先，在早期的家庭文化中，家风和家训就已经明确了家庭与国家的关系。通过有效传承，人们将这种家国一体的优秀文化继承并发扬光大，这不仅对于维护和捍卫我国国家尊严起到了关键作用，也对人们践行社会主义核心价值观产生了深远影响。此外，良好的家风和家训能够有效净化社会风气，增强人们在道德上的自我约束力。在家庭内部，这种约束体现为对家庭成员言行举止地规范，可以使家庭成员和谐相处；在社会层面，它则体现为一种普遍的道德标准，引导和鼓励人们遵循公序良俗，维护社会的稳定与和谐。

同时，家风和家训作为一份可以跨越千年的宝贵文化遗产，其本身的价值不言而喻。它们不仅是一个家族历史的见证，更是国家和民族文化的重要组成部分。对于现代社会的家族建设和国家建设来说，家风和家训也为其提供了宝贵的经验和智慧，对于人们进行新时期的社会主义文明建设起到了积极的推动作用。最后，良好的家风、家训、家规有利于促进社会和谐。

中国的家庭文化源远流长。关于我国家庭教育的著作与读本，自古以来数不胜数。北齐时期的《颜氏家训》是我国现存的最古老的家训，颜之推从各个方面详细阐述了家庭教育的原则和方式，涉及封建家庭教育的方方面面，如尊老爱幼、为人正直、勤俭朴素、刻苦学习等。此后的家训有唐代无名氏的《太公家教》、南宋司马光的《家范》、宋代袁采《袁氏世范》等。概括来说，传统的家庭文化主要表现在“忠、孝、仁、义、信”几方面。当代社会，人们需要在继承优良的传统价值观的基础上制定本族的家风、家训、家规。

4. 重视家谱文化

家谱不仅是家族血脉的延续，更是对先人智慧的传承。追溯根源，探究家族历史是中华民族的文化传统，中国人自古以来就十分重视家族的根系和脉络。中国家谱文化源远流长，博大精深。其中，最为核心的理念是遵循慎终追远的古训，饮水思源，始终铭记家族血脉的传承，以及对祖宗先人的感恩之情。通过家谱，人们能够更好地了解自己家族的历史，感受家族的凝聚力，同时也能够将先人的智慧和经验传承给后代，让他们在人生的道路上不断前行。家谱承载着伦理规范，塑造着人格精神，维系着社会秩序，是一个家族得以延续的重要基础。家谱文化使人有一种寻根意识，使家族有着强大的生命力和凝聚力，对于家庭团结幸福、家族和睦与社会和谐都具有重要作用。

乡村需要增强家谱文化的故事性与宣传力度，对其进行精美的外包装设计，让制定家谱的过程更具仪式感，使之成为村民的精神寄托和寻根依据。

5. 增强民间传统节日认同感

传统节日作为一种以情感为纽带的社会活动，深刻体现了人类团结协作的力量。在这样的节日中，人们不仅可以感受到乡情、亲情和爱情，而且还能感受到一种强烈的认同感。这种认同感使得群体得以聚集，社会交际得以顺畅进行，从而使得人们在彼此的相处中能够保持和谐与秩序。此外，民间的传统节日还具有一定的文化教育与道德教化功能。这些节日不仅是人们欢聚一堂、共同庆祝的时刻，也是传承文化、教育后代的重要方式，如加强民间传统节日认同感，增加节日符号的艺术性与文化价值，剔除糟粕旧习，重振民间传统节日的仪式感，促使村民间良性社交，促进社会和谐有序发展，推动旅游业发展。因此，民间传统节日对"家文化"的传承与发展具有重要的作用。

"家文化"作为振兴乡村的重要因素，是物质因素和非物质因素的统一体。充分挖掘和传承具有当地特色的乡村"家文化"，唤起村民对乡村历史文化的追溯和思考，增强村民对乡村及家族的归属感和认同感，形成和延续具有"人情味"的乡村环境，可以为构建和谐社会贡献力量。

6. 打造地方饮食特色

地方特色饮食不仅满足了人们的味蕾，其背后也蕴含着强大的人文力量和人们对共同价值的强烈认同感。家乡的美食不仅仅能给人带来味蕾上的享受，更是一种深深植根于社会文化中的约束力量，它是一种跨越地域和时间的共同语言，将每一个生活在这片土地上的人紧密联系在一起。这种饮食所蕴含的"奥秘与力量"，正是来源于它的普遍性。食物在人们的日常生活中扮演着一个既神圣又世俗的角色，它不仅仅是满足人们生理需求的存在，更是人们生活中必不可少的仪式。无论是家庭聚餐、节日庆典，还是朋友聚会、商务宴请，食物都承载着人们的情感与记忆，见证着人们的成长与变化，它以其独特的方式记录着人们的历史、传承着人们的文化、凝聚着人们的情感，让人们在享受美食的同时，也能感受到生活的美好与温馨。对家乡美食的记忆与回味会伴随人的一生，是一种割舍不掉的有关家的情怀。

乡村可以将地方特色饮食的典故或制作方法制成小视频，在网络社交平台加以宣传推广，赋予美食以精美的包装，唤起村民对地方美食的自豪感，以美食唤起“认同的力量”。

第三节　艺术集市构建

从经济角度来看，集市作为乡村特定的物品交换场所，对乡村振兴有着极大的影响。将艺术手段与传统乡村集市结合的想法源于将民间创造力和工艺技巧通过日常生活产品和传统的集市交易形式呈现出来的创意集市。艺术集市是将艺术与乡村振兴有效集合的路径之一。在有关艺术集市构建的路径探索中，在对集市文化原型进行梳理和对乡村集市现状进行分析后，人们明确了目前乡村艺术集市发展困难的原因，在案例中总结出了艺术集市振兴乡村的具体路径，从乡村集市板块、实现步骤和盈利模式等方面对当下我国乡村艺术集市的建立与发展提出了可行的方法与建议。希望通过乡村艺术集市将地域独特的传统手工艺与现代艺术创意相搭配，重新搭建传统民俗文化体系，使乡村焕发生机。

乡村的衰落不仅是因为人口的流失、农耕的消失，还因为文化的缺失。人们记忆里属于乡村的文化只剩下残垣。但拿来式的文化绝不是乡村所需要的，扎根乡村土地，让现代文化与之有机结合，培育具有地域特色的乡村文化才是乡村振兴的必由之路。而艺术则是最能联结乡土和文化的媒介，艺术的根在乡土，艺术的造型、原创能力不仅可以帮助村民改造民居、优化乡村的风貌，还能极大丰富村民的文化生活。在乡村振兴上升为国家战略，乡村传统文化出现断层的时代背景下，艺术通过扎根于乡村来实现乡村文化重构，这也是乡村振兴的有效途径之一。最重要的是，艺术没有门槛，通过合理引导，任何热爱生活的人都能成为艺术家，这在极大程度上提升了村民的文化素养，塑造了文明乡风。

乡村集市在我国历经数千年的演进，发展出了多种集市形式，同时也孕育出了丰富的集市文化。作为艺术介入乡村建设的形式之一，艺术集市的打造为乡村的发展注入了活力。

一、乡村艺术集市的文化原型

市，即市场、集市之称。它指的是商品交换的场所，由此衍生出了“市井”“市肆”等称谓。传统集市的存在与发展由来已久。商周时期，正式的集市已经存在，还设有专门的管理机构；春秋时期，国家经济带动了集市的发展；战国至先秦时期，许多著名的城市已形成；汉代继承秦朝制度，市得以继续发展；明代蒋一葵的《长安客话·狄刘祠》提到："京师货物咸趋贸易，以席为店，界成集市，四昼夜而罢；俗呼狄梁大会。"① 对唐代集市的风貌、逢市的时间进行了描绘；《周易》则对传统集市的规模和赶集的习俗进行了描绘，日中为市，致天下之民，聚天下之货，交易而退，各得其所。② 集市的形式很多，名称也不一样。集市有着几千年的历史，且在中国古代人民的日常生活扮演不可取代的角色，具有很强的包容性和历史传承性。

古代的集市作为一种承载着深厚历史底蕴的社会现象，其运行规律与象征意义历经沧桑而依旧鲜明，这展现出了它强大的生命力和适应性。乡村集市特指在特定日期与地点聚集、以物品交换为主要功能的公共场所。此类集市多定期举行，规模相对较小，尤其以农副产品等民生必需品为主，深刻反映了乡村经济的本质特征。

在集市活动中，各种声音、色彩与气味交织成了一幅生动的民俗画卷。以毕家疃村的集市为例，该集市遵循农历四、九的传统日期规律，交易的商品以当地自产的农产品及海产品为主，充分展现了地域经济的特色与优势。

值得一提的是，乡村集市的选址与布局往往体现出了高度的灵活性与实用性，既确保了集市活动的顺利进行，又避免了对村民日常生活的干扰，有效提升了土地资源的利用效率。同时，集市作为家庭之间与乡村之间交流互动的重要平台，不仅促进了商品的流通与经济的繁荣，更加深了村民之间的情感联系，对于维护乡村社会的和谐稳定具有不可估量的价值。

如今，集市也是村民日常生活中定期聚集进行产品交换和交易的市场，是乡村风貌中极具标志性的一隅。

与此同时，传统乡村集市还在乡村社会构架中具有举足轻重的地位。无论何时何地，不可否认的是，只要有集市的地方，集市中的人都极为有力地营造着特殊的集市氛围。不同地方的集市因参与其中的人的习气不同而具有不同的集市氛围，这是集市场所区别于场地的部分。因此，乡村集市自其诞生之初，便超越了单纯商品交易的经济范畴，深刻关联着参与者的生活与精神需求。它不仅是民间传统文化活动的聚集地，也是各种民间文化表达自我的舞台，更是一个全面反映村民生活状态、社会交往情况及精神风貌的文化场域。乡村集市所具备的"民俗文化空间性"，不仅涵盖了经济与政治的双重功能，更重要的是还肩负着展现乡

---

① 蒋一葵．长安客话[M]．北京：北京古籍出版社，1980.

② 周易[M]．王辉，编译．西安：三秦出版社，2008.

村民俗风貌、映射地域文化传统的核心文化使命。这一文化功能将乡村集市塑造为乡村文化的重要承载体，并使之成了乡村生活中不可或缺的关键组成部分。

二、乡村艺术集市的相关研究与特征

（一）国内外研究现状

创意集市源于跳蚤市场等传统集市，是售卖原创手工艺术品与文创产品的文化艺术活动，其特点是门槛低、形式多样、受众广。它强调个性化、原创性，摒弃批量生产；它以城市为据点，承载街头艺术文化，是民间艺术家创立品牌的起点。创意集市可以促进创意经济发展，实现人人可创作，是城市新锐文化的发源地。

艺术集市是创意集市的细分领域，以艺术家、艺术爱好者等为主体，交易艺术品、艺术衍生品等。它常依附于艺术空间或艺术活动，如艺术院校、艺术展览等。由于出现时间尚短，交易量较小，人们在这方面尚未有针对性的研究，关于乡村艺术集市的研究更是少之又少。关于这一课题，不同国家的研究有不同侧重：欧洲许多国家的城市都有历史悠久的艺术集市，他们的研究更侧重历史文化层面，思考旧集市的再生与更新；美国则把艺术集市放在大城市的设计规划中去研究，几乎没有关于乡村艺术集市的研究；日本等亚洲国家则更多侧重对艺术集市的地方性研究，思考如何用集市的形式推广地方产品。

在我国广大的乡村地区，集市作为一种传统的经济活动形式，在当地的经济生活中占据着举足轻重的地位。集市不仅是村民进行商品交易的重要场所，也是乡村社会文化生活的重要组成部分，承载着丰富的历史文化内涵。然而，对于集市未来的发展走向，目前主流的观点认为，随着我国城镇化进程的不断推进和交通基础设施的逐步完善，传统的定期集市可能会面临一些挑战，甚至有可能逐渐消亡。

有观点认为，集市可能会按照集市—集镇—城镇—城市的演化路线，逐步转型升级。也有观点认为，随着我国乡村经济的发展和乡村市场的扩大，集市有可能会转型升级，成为现代贸易的中心。在这个过程中，集市可能会引入现代化的交易方式和管理模式，提升交易效率，吸引更多的商家和消费者参与。

国内对艺术集市的研究主要有两个方面。一是对艺术集市发展现状分析，并从组织形式和运作模式的角度提出优化意见。在这一部分的研究当中，研究者通常站在集市管理者甚至城市管理者的角度，最终目标是让艺术集市发挥更好的经济提升和产业整合孵化作用。二是从教育者角度出发，讨论如何将艺术集市作为一种新的实践手段，在艺术设计和商业学科的教学中加以运用，这一方向的研究者站在学校管理者和学科建设实践者的角度，试图提出一种与市场接轨的教学方式。

（二）乡村艺术集市的特征

乡村艺术集市具有以下几个方面的特征。首先，乡村艺术集市不仅交易传统农产品，还涉及创意、艺术产品的交易，是集市在新时代的演变成果。其次，从社会学和管理学角度看，乡村艺术集市在盈利的基础上，还提供创作、表演、聚会和爱好交流等服务。最后，乡村艺术集市不同于传统集市，较少供给日常消耗品，因此在国内多为临时举办，未形成完整体系。

综上，乡村艺术集市未发展起来的原因主要有三点。

第一，艺术集市是艺术、商业、制造业三者高度集成的产物，对地方产业艺术与商业融合程度要求较高。我国以艺术类院校为代表的艺术界向商业、制造业的跨界仍处于初步尝试摸索阶段，乡村艺术集市的产业条件相对不足、资源相对有限。

第二，艺术类产品通常具有难以复制、产能有限、单价较高的特点，在大部分地区无法稳定为村民提供经济收益。

第三，艺术类产品交易通常有固定的受众和圈子。以陶艺为例，目前大部分小型陶艺工作室的运作模式为固定客户下订单或艺术家定期发布新作品，主要在熟客圈内流传，集市仅做宣传展览之用，导致乡村艺术集市难以长期稳定的持续下去。艺术类工作室对集市的依赖性较低，且根据各地受众的审美倾向不同，难以在其他地区照搬复制。

三、乡村艺术集市生成路径

（一）构建乡村艺术社区

1. 组建乡村艺术委员会

社区成员作为乡村艺术社区重要的构成要素，扮演着构建者与使用者的角色。首先，通过组织村民委员会制定一系列的成员筛选制度，召集村内有艺术审美、艺术修养的村民与外来驻地艺术家联合担任艺术委员会成员，确保艺术委员会成员有一定的艺术与文化修养，并有能力推行、组织一系列的艺术活动，以及定期开展艺术作品的评定、艺术相关领域的交流、艺术集市的组织与维护等工作。

2. 创建良好艺术社区环境

创建良好艺术社区环境一方面指创建契合自然的乡村环境，以自然为基底、以生态为准则；另一方面指的是营造良好的艺术氛围，吸引艺术家驻地交流、艺术学院学生驻地写生。在上文所说的乡村艺术委员会组建完成后，首先，通过委员会成员之间的纽带增加艺术家驻地交流的黏性。其次，不断完善艺术链条，如定期开设村民艺术工作坊及文化课程，举办艺术产品展销会、创意农产品展览等活动。艺术活动由委员会组织审核并统筹承办，为乡村吸引源源不断的艺术家与游客。乡村艺术活动参与者的增多会进一步刺激其更新发展。

3. 发展艺术社区力量

发展艺术社区力量首先指的是将艺术社区与生态村落结合，艺术社区的活动要基于自然地形开展，要保护自然环境、维护地形地貌。同时，要通过艺术社区活动来实现传统乡村空间的优化，村民要通过自主参与合理改造局部公共空间。其次是将艺术社区与艺术集市紧密结合，乡村艺术委员会及其村民应以社区为单位，竞选艺术集市活动的组织与承办权，通过每个社区成员的深度参与来凝聚人心，构建起强大的社区精神，既可以保证艺术集市的多样化与活力，又可以确保村民的积极性与参与性。

（二）拓展乡村集市的艺术资源

1. 多路径推动艺术下乡

在推动艺术下乡的过程中，乡村需要充分认识到，无论是集市还是艺术，都离不开人才资源的支撑和文化底蕴的支持。因此，乡村必须采取多种途径，全面推动艺术下乡。

首先，乡村要充分发挥各级政府、文艺团体、艺术机构、高等院校的资源和人才优势，通过与乡村艺术委员会的合作，深入了解不同地区的文化特色，以此为基础，推动乡村文化的繁荣发展，激发乡村的内生动力。

其次，乡村要通过多种方式来增加集市与艺术的黏性。这包括集市艺术展览、集市艺术舞台、集市艺术品拍卖等多种形式。通过这些方式，艺术可以更好地融入集市，让集市成为艺术的一个重要展示平台。

最后，开发多种艺术集市形式，如项目合作、配合乡村文化活动、定点长期对接等。这样既能满足乡村文化的发展需求，又能为艺术家提供一个展示自己作品的平台，实现双向互动，共同推动乡村文化的发展。

2. 传统手工艺与艺术品的结合

艺术集市作为推动当地手工艺产业与艺术创新发展的重要平台，其核心在于将地域特色文化、传统手工艺和现代艺术创意结合，将它们以一种全新的形式呈现出来。这种方式不仅为当地的手工艺人提供了展示自己作品的舞台，也为艺术家提供了发挥创意的空间。通过在集市上展示和销售作品，不仅可以增加收入，还可以促进乡村文化的传播和发展。

为了更好地推广乡村品牌，艺术家需要深入了解乡村的实际情况，并进行调研，从乡村的需求出发，与村民进行深入交流。在这个过程中，艺术家还需要注重对传统手工艺的挖掘、梳理和植入，使之与现代艺术相结合，形成具有地域特色的文创产品。同时，艺术家也需要通过艺术集市这个平台和媒介，推动当地产业的升级，为乡村经济的发展注入新的活力。此外，艺术家也需要主动挖掘和创作富有地域特色的艺术品，为乡村品牌增添亮点。艺术家可以深入乡村，了解当地的历史、民俗和文化，并将这些元素融入自己的作品中，使之成为乡村品牌的重要代表。

（三）提升乡村艺术集市带给人的幸福感

1. 建立社区或小组认同感

在广大乡村地区，那些历史悠久、沿袭已久的集市，其商铺的经营模式大多呈现出鲜明的“家族化”特征。这是因为这些“家族化”的居住地及经营场所是统一的。这些位于集市繁华地段的街边店铺，尽管面积有限，却承载着家族的希望和生计。因此，它们被人们亲切地称为“家族化”的店铺。之所以这样称呼，是因为这些店铺的日常运营需要“全家总动员”。在店铺的日常经营活动中，女性成员通常是店铺的中坚力量，她们负责记录每一笔交易的账目，整理和归置货物，以及与顾客进行讨价还价等灵活而细致的工作。与此同时，男性成员则更多地承担起外部沟通的角色，他们负责吸引顾客、送货上门及采购货物等外联工作。而在家庭中，年轻一代的孩子也不甘落后，他们负责处理店铺中的一些琐碎事务，如清洁、整理货架等，当父母忙碌时，他们还需承担起看管店铺的重任。

这种全员参与的家族生意模式，不仅为家庭成员带来了经济上的收益，更重要的是，它增强了家族成员之间的凝聚力，提升了他们对“家族事业”的认同感。这种跨越年龄层的、家族成员共同参与的经营方式，无疑加深了家庭成员彼此间的情感联结，使得这个家庭在传统的乡村集市之中，形成了一个牢不可破的共同体。

乡村艺术集市首先要通过乡村艺术委员会定期开展的艺术培养、展览等活动，了解村民对艺术的“熟悉程度”；其次要通过与艺术家的交流学习，使村民对艺术作品有一定的“认同度”与“熟悉度”；最后要通过艺术集市的销售贩卖、交换，以及对自我作品的认可，增强对艺术集市与乡村的认同感与归属感，此过程需要循序渐进、长期熏陶，最终使村民把艺术集市当成“自家事”，收获认同与幸福感。

2．维护乡村集市中的人际关系

在传统乡村集市中，一家店铺的位置并非其生意好坏的决定性因素，很有可能即使店铺的位置不佳但仍然生意兴隆，这主要得益于熟人经济。集市与城市商业生态不同，乡村商品经营缺乏完善的售后体系，流动摊点存在不稳定性，其交易多为一次性，质量问题难以追究，影响村民维权信心。熟人经济在一定程度上弥补了这一不足。集市的熟人经济基于乡村熟人关系，这种经济形势给顾客带来了实惠与安心。

在构建乡村艺术集市时，首先，有关单位首先要注意艺术集市的新型人际关系的建立，这种人际关系并非完全的熟人经济，其中掺杂着村民与村民、村民与艺术家、村民与学生等多种关系，以乡村为单位进行监督与道德约束，可以在一定程度上避免矛盾的产生。其次，艺术集市的售后服务应由乡村与村民个人共同承担，在“人情”联结的同时辅以制度的约束，促进村民与外来人群的良好交流，建立一定的赏罚机制，使村民自发地把艺术集市当作自家事业去经营，在取得经济收益的同时获得一定的艺术熏陶。

目前，乡村经济逐步回暖，返乡热也在逐步出现，但乡村建设文化参与度低已经成为乡村振兴的痛点。乡村传统文化日渐式微，乡村的传统习俗、民俗文化、传统手工艺等文化资源亟待被发现、利用和传承，亟待被转化为文化产业和文化资本优势。另外，乡村文化艺术活动缺乏参与性、体验性和代入感等问题也亟待解决。如何通过乡村本身的文化优势实现乡村经济、风貌的复兴和长效发展，是当今乡村振兴的重要研究课题。

艺术与乡村、土地自古以来就有着天然的联系，艺术介入乡村建设的实践能够深化艺术家对乡村文化的了解，活化其对农耕文明文化原型和历史记忆的追溯和认知。让艺术从乡土中走出来，然后走进青山绿水中，这是当代艺术思维和审美意识助力乡村传统文化再生、实现乡村振兴的一种新的思路和实践。乡村匠人和艺术集市中的创客甚至游客、消费者通过艺术集市所搭建的社群平台与他人进行跨界交流和互通，能使不同创作主体所创作的艺术作品在设计、制作、消费、传播的过程中实现价值循环累积效应，这也是设计下乡政策所提倡的精神所在。如此一来，乡村文化建设才能够焕发新的活力。这样的文化累积效应帮助乡村实现了人才、文化、产业、资本的自我循环和传统文化价值的提升，带动了乡村人民、乡村产业的复兴，实现了乡村产业兴旺、乡风文明建设和村民生活富裕。

第四节　乡村品牌建设

乡村品牌建设是区域营销的重要举措，能够助推乡村经济成功转型并持续全面发展。

一、乡村品牌建设的意义与作用

品牌研究一直是国内外学术界的热点话题，其定义随着时代的发展而不断演变。国外学者从品牌符号、关系、整合及价值等多个角度对其进行了深入研究，大卫·艾克、林恩·阿普绍及唐·舒尔茨等学者为品牌理论的发展做出了重要贡献。在国内，众多学者也对品牌概念给出了各自的界定。他们认为，品牌是一种识别产品特性的标志性符号，由产品本身、设计、管理及营销等多个要素组成，能够传达出一定的产品信息。此外，还有学者指出，品牌是一个以物质产品（或服务）为基础，融入了消费者体验感知、符号体系和象征意义等元素，结合系统生产、互动沟通和消费形成的独特价值载体和信用体系。

乡村作为融合自然、社会与经济特性的综合地域单元，集生产、居住、生态保护及文化传承等多重功能于一体。品牌的概念不局限于产品层面，其拓展到了乡村、文化及个体等多个领域。借助乡村独特的资源培育并发展乡村品牌，塑造一批彰显地方特色的品牌化乡村与小镇，对于乡村振兴战略的深入实施具有显著的促进作用。随着乡村振兴战略的加速推进和共同富裕目标的明确提出，乡村品牌及其建设理念日益成为社会的焦点。乡村全域品牌化概念被视为我国未来乡村品牌区域化发展的重要战略方向。专家指出，乡村品牌化是一个综合性的过程，涉及乡村及其周边资源的品牌策划、运营与管理。从广义上来讲，它涵盖了区域品牌、农产品品牌，以及乡村新农人群体或个体品牌的打造；从狭义上来讲，其特指以村镇为核心、整合区域内资源后进行的品牌化建设。

本书将乡村品牌定义为，能通过系统性地整合、梳理、分析、提炼及转化乡村资源，采用品牌化的创建、经营与管理手段，展现乡村独特的文明风貌、功能特性及本质属性，从而在公众心中树立起关于乡村产业、生态、文化、治理及生活等多维度的整体形象的品牌。乡村品牌建设的过程有效激活了乡村的有形与无形资源。从效能角度来看，乡村品牌的构建不仅加速了乡村经济的繁荣发展，也促进了品牌自身的成长与成熟；从参与主体来看，它强调了多元主体间的紧密协作与相互支持；从影响范围来看，乡村品牌作为乡村综合实力的外在体现，深刻渗透并积极影响着乡村建设的每一个角落，推动着乡村全面发展。

创建乡村品牌是艺术介入乡村建设的一个重要目标，更是实现乡村文化可持续发展的物质基础，对推动乡村各项产业的全面发展、加强美丽乡村建设、提升村民文化自信与文化认同感是很有意义的。

（一）推动乡村产业融合发展

如何留住人才是解决乡村地区文化建设与发展难题的一个重要突破口。乡村各个行业的兴盛，构成了乡村振兴的动力核心，更是解决乡村一切问题的前提。唯有乡村产业繁荣，村民才有可能在本地或附近地区寻求生计，乡村文化才可以得到延续。以艺术助力乡村文化空间的改造，大胆发掘乡村文化，有利于推动乡村品牌发展。要想深入推动乡村品牌的构建，首要任务就是确保乡村文化的真实性和原汁原味。这不仅涉及对乡村文化特色的深入挖掘和开发，还包括对乡村文化遗产的精心保护和传承。通过这样的方式，人们可以实现文化资源向文化资本的转变，为乡村经济的发展注入新的活力。

此外，乡村品牌的打造还有助于实现产业融合，推动乡村经济的转型升级。人们可以通过发展乡村各色产业来打造乡村经济新业态，从而为乡村经济的发展提供新的动力。在这个过程中，人们可以借鉴城市产业化的模式，将乡村产品和服务转化为具有市场竞争力的产品和服务，进一步提升乡村经济的整体竞争力。

总的来说，打造乡村品牌是一项系统工程，需要人们从多个层面和角度来思考和推进。只有这样，才能真正实现乡村文化的保护和传承，推动乡村经济的可持续发展。

（二）提升乡村文化内涵

近年来，我国乡村的面貌有了明显的改变。然而，在一些地区，乡村发展仅在于对外在美的追求，削弱了乡村的本土文化内涵。而借助艺术的手段进行乡村文化空间建设，则能够在对外在美追求的基础上，提升和展现乡村文化的内在美，能够进一步建设乡村内部。当前，在艺术融入乡村文化空间建设的潮流中，人们可以看到，通过这样的方式来打造乡村品牌，不仅能够深入挖掘乡村本土的文化底蕴，还能够挖掘出那些具有进步性的特色文化资源。这些资源是乡村构建具有高辨识度的特色文化品牌的基础。在构建这样的乡村品牌时，乡村需要建立一个全面的传播体系，这个体系要以特色文化为核心，集合各种传播方式和内容载体。在这个过程中，乡村需要确保所展示的特色与其他区域有明显的区别，以突显文化的独特性。

因此，当人们谈论打造和传播乡村品牌时，实际上是在绘制一张乡村文化“地图”。这张“地图”不仅展示了乡村的文化，还改善了乡村的文化氛围。这个过程不仅能够提升乡村的文化价值，还能够让更多的人了解和认识乡村的文化，从而推动乡村文化的传承和发展。总的来说，艺术介入乡村文化空间建设，为乡村品牌打造提供了一种全新的可能，也为乡村文化的复兴注入了新的活力。

（三）增强村民的文化自信心和认同感

乡村品牌的建设工作是一项系统性的工程，它能够有效改善乡村在文化传播方面的现状。这种建设不是简单的文化移植，而是将乡村原有的文化内涵从表面到深层次、由外在形式向内在精神进行传递和转化，实现文化的内外互动。这样的过程不仅能改善乡村的文化生态环境，还能恢复和优化乡村文化的内生机制，进一步促进村民自身文化素质的提升，这对于提升村民的文化自信心、增强村民对乡村文化的认同感和归属感具有重要意义。

通过乡村品牌的建设，人们不仅能够看到乡村文化向城市传播的过程，还能感受到城市文化对乡村的反哺作用。这种双向的文化交流使得村民的文化自信心得到了显著的提升，同时也提升了村民的集体认同感。乡村品牌建设实际上是推动乡村文化创造性转化和创新性发展的一种有效策略，它能够将乡村的文化资源转化为利润丰厚的产业，推动乡村文化企业与文化产业的合作与发展，从而为村民带来物质和精神上的双重收益。

乡村品牌战略的实施可以有的放矢地融合各产业资源；通过有效的营销手段，在一定的领域和空间内形成区域知名度和美誉度，进一步提升综合影响力；同时，使乡村与消费者之间建立起一种可持续的信任关系和联系纽带，实现深度的城乡互动，既满足了消费者对于特色乡村的情感需求，又统筹发展了区域经济质量，使区域经济走上了持续、快速的发展之路。这是各级地方政府塑造区域竞争力、获得市场优势的共同经验，也是有效推动区域产业升级的总体需求。

乡村是一个拥有丰富内涵和多样功能的地域综合体。保护乡村的生态环境、发挥乡村的生态优势对于实现乡村经济可持续发展和生态文明建设具有重要意义。乡村是农业生产的重要基地，也是农业生态体系的重要组成部分。城镇与乡村之间存在着相互依赖的关系，乡村不仅是生态涵养的主要区域，也是生态资源的重要产地。因此，生态成为乡村最大的发展优势。乡村的生态涵养功能对于维护地球生态平衡、保障人类生存和发展具有重要意义。乡村的生态优势不仅可以为乡村自身的发展提供支持，也可以为城镇的发展提供保障。乡村的生态资源可以为城镇提供干净的空气、水源和食物，同时，乡村的生态功能也可以为城镇提供重要的生态服务，如水源涵养、土壤保持、气候调节等。由此可见，乡村与城镇之间可以建立起一种共生共存、互促互进的关系，它们可以相互融合、相互促进。

乡村品牌的建设对象可以是地理标志、行政地域、旅游目的地，也可以是县域、乡域或村域的统称，无论多大的区域，“各美其美、美美与共”都是乡村品牌建设的核心命题。在当前乡村振兴战略推进过程中，党和政府也曾多次强调从城乡分隔到城乡统筹、从城乡统筹到城乡融合的战略方向。所以，应使“每一个乡村”的叙述语境，变成“这一个乡村”的现实存在。与此同时，利用有效的营销战略，使每一个地区或乡村与其他地区的特色区分开来，可使其拥有与自身特色相匹配的优势及发展方向，进行全面发展。

从微观角度来看，区域品牌营销也可以成为助推乡村经济转型的重要手段。可以通过塑造乡村品牌来推动特色产业建设并实现各产业融合，以统一的品牌形象、品牌定位、品牌内涵等识别要素对外亮相，进而确立产业集群、优质项目、优选典型等营销方略，整合优秀产业，以优质项目带动普通项目，实现区域整体成长。在取得阶段性成果后，要将营销、传播、推广活动等环节塑造为“区域记忆碎片”，有意识地完成“品牌拼图”，做到“分工不分家”，相互促进、相互配合，促成整个区域的产业升级，实现产业全面振兴。

我国国土面积大，乡村分布广且分散，导致不同地区的乡村的自然社会条件差异较大。因为各自拥有不同的自然地理条件及历史条件，从而使每个乡村形成了各具特色的资源。政府应通过区域营销规划对区域发展资源、定位、品牌等要素进行梳理和整合，有效转变经济增长方式，强化区域核心竞争力。乡村在发展过程中需要这种竞争力，同时也需要进行外在包装宣传。在现今消费者需求越来越细化的大环境下，乡村间的竞争必然会越来越激烈，不论如何，商业化的社会发展进程必然会将乡村放置在一个开放且激烈的竞争环境中。不想被市场淘汰，就要像经营商业品牌一样经营乡村品牌，发展乡村特色并加以推广壮大，以不断提升核心竞争力。

二、区域品牌的理论基础

（一）区域品牌建设理论

总体来说，品牌需要表达出属性、利益、价值、文化、个性及使用者六层意思。它可以完美地融合企业与商品的各类特点及要素，再通过设定好的外在形象吸引消费者对某款产品或服务产生好感，进而使用乃至传播。品牌也是给生产者带来溢价、产生增值的无形资产，它的载体是名称、术语、象征、记号、设计组合等识别要素，增值的源泉是消费者心中的信任度和认同感。

在细分的市场领域内，人们经常可以见到这样一种独特的品牌现象，即所谓的区域品牌，或者说区位品牌。这种品牌的特点是它代表了一类特定产品，这些产品源自一个相对固定的地理区域。这个地理区域或许是一个小镇，也可能是一个省区，甚至是一个国家。这些产品因其独特的地域文化、传统的生产工艺或者是特有的原材料而在市场上有一定的知名度。当消费者看到这样的品牌时，他们往往会联想到这些产品的优点，从而在心理上对这些产品产生一种信任感。

在这样的背景下，对于那些来自这些特定区域的企业来说，区域品牌就成了一种无形的资产。这种资产可以在企业进行市场拓展时，有事半功倍的效果。因为这些企业可以利用消费者对区域品牌的认可和信任，减少大量的市场宣传成本，不必花费大量的营销预算去告知消费者其产品的品质。同时，由于消费者已经对区域品牌有了良好的印象，这些企业可以更快地打开市场，吸引消费者的注意力，从而在竞争激烈的市场中占据有利的位置。

此外，区域品牌还能促进地方经济的发展。当一个区域品牌在市场上取得成功时，它不仅会带动该区域内相关企业的发展，还会吸引更多的投资，促使地方经济繁荣发展。同时，区域品牌还有助于保护和传承地方传统文化，使得这些传统文化得以在现代化的市场中继续存在和发展。

这类区域品牌，如意大利的时装、荷兰的郁金香、日本的数码产品、瑞士的手表，甚至巴西的足球；在国内，洛阳的牡丹、阳澄湖的大闸蟹、景德镇的瓷器、杭州的龙井茶等也都是知名的区域品牌。

然而，从不同的视角定义区域品牌，意义又有所不同。荷兰学者卡瓦兹根据品牌资产研究者大卫·艾克从消费者视角出发的品牌理论来定义区域品牌，他认为，区域品牌可将功能、情感、关系和战略四大要素共同作用于公众意识，并使这些元素形成一系列独特的组合。

很显然，区域品牌首先具备传播属性，它是人们辨认区域的标识，是区域形象的象征。区域品牌的内涵又远比商品品牌来得广泛，它以行政区域、地理区域、产品或旅游目的地为主体，是区域形象和区域文化等因素的复合体。将区域品牌建设工作作为战略进行规划可以使人更加深刻地了解和记忆某一区域，并将自己的联想和产品具体形象与这个区域的自然、社会、资源紧密联系起来。区域品牌建设可令品牌精神融入此区域建设过程中的每一个细节之中，让这个品牌在消费者心里拥有个性，获得生命。

（二）区域品牌的特征

区域品牌与区域形象是不同的。首先，区域品牌是此区域的无形资产，需要以商标的形式注册，且自诞生起便受到法律保护，可以有效提升区域产品的附加价值。其次，区域品牌具备与准公共物品同等的属性，所有权归整个区域所有，具有非排他性和非竞争性。最后，区域品牌的地域性及根植性则是集体行为的综合体现。

在我国，区域品牌的主体比较多样，可能是国有、集体等企业，也可能是行业协会或民间组织等机构。乡村所在区域的品牌的所有权及使用权通常是集体拥有，可由行业协会授权给其成员使用。区域品牌的所有主体，如政府或行业协会、企业或村民，都将成为品牌识别的重要标志，其中任何一个要素的变化，都会影响到品牌的社会评价。区域品牌主体和策略的明确，为官方发挥其潜在的服务职能确定了方向，也为区域经济发展确定了方向。对区域品牌主体来说，制定详细的发展战略可以使行业协会或企业的工作顺利进行，推动区域内各项工作协调发展。

（三）区域品牌资产构成

品牌资产是一个多元化且抽象的概念，人们可以从不同的角度和层面对其进行理解和分类。首先，从心理层面来看，品牌资产可以被理解为品牌对消费者心理和意识产生的影响和作用。这种心理上的品牌资产主要体现在品牌对消费者认知、情感、态度和偏好等方面的影响上。换句话说，就是品牌如何在消费者心中留下深刻的印象和独特的形象。

其次，从行为层面来看，品牌资产还可以被理解为消费者对品牌产生的行为反应和与品牌的互动。这种行为上的品牌资产主要体现在消费者对品牌的购买行为、推荐行为、忠诚度及品牌使用频率等方面。也就是说，品牌如何引导和激发消费者的购买欲望和行为。

最后，从金融层面来看，品牌资产还可以被理解为品牌所带来的财务影响和价值。这种金融层面的品牌资产主要体现为品牌在投资回报、利润、销售额、价格和收益等方面的表现。也就是说，品牌如何为企业和投资者带来经济价值和回报。

在商业化的基础上，品牌资产的结构可以进一步被划分为品牌忠诚度、领导能力、品牌联想或差异化、品牌认知及市场行为五个维度。

这五个维度在具体细分后可以用来测量品牌资产所产生的品牌效应和市场效应。

1．基于顾客心智的品牌资产测量

基于顾客心智的品牌权益（也称品牌资产）包括区域品牌识别和核心要素形象管理。识别要素中可以包括品牌商标在注册时的形式，如区域名称（地名）+产业（产品）=区域品牌，将区域内的地理人文、历史传统等与品牌相关的要素有机结合，当此区域拥有多个特色产业集群时，可以通过不同的产品品牌进行标识，以标注本区域内相对应的产业集群。顾客层面的信息和品牌权益，是以顾客对品牌的认知度、态度、联想、情感和忠诚度为品牌资产测量标准的，主要基于对顾客的调查，无法满足品牌资产在财务会计和并购市场上的客观需要。

2．基于产业发展的品牌资产测量

基于产业发展的品牌资产主要体现在为产品或服务带来的产出或利益增量，以及作为旅游目的地对顾客的吸引力上，即品牌资产的价值最终应在市场的绩效上有所体现并可以测量。在这方面，区域品牌是产业集群、产业带、供应商、消费者的客观反映，可利用顾客是否愿意为品牌产品支付较高价格来测量，也可以从市场份额、价格区间、品牌影响力及成本构成上综合体现。该测量模式能反映出品牌名称附加的货币价值，对投融资和财务估价具有吸引力。

3．基于投融资角度的品牌资产测量

基于金融市场的品牌资产，首先需要确保品牌的社会作用与法律价值同时可以作为金融资产进行评估。其评估往往从证券资产的无形资产中抽取出品牌资产，反映品牌未来发展的潜力，通常以主观判断和股票市场价值的方式来评估。

经过注册并受到法律保障的区域品牌都有明确的主体和总体发展计划，这不仅可以丰富区域形象，提高整个区域的社会声誉，同时还可以在一定程度上为品牌相关人的行为做出规范，如预防产品被仿冒、维护区域品牌的合法权益。在国际市场，尤其可为中国企业集体应对国外反倾销诉讼提供有效应对措施。

（四）完善品牌家族理论

品牌家族理论作为一个相对较新的概念，在学术界受到了一定的关注。国外有学者将其定义为一种策略，即将已有的品牌名称应用于新产品的推出，以此来增强品牌形象并促进销售。

品牌可划分为六个层级，这一分类体系为人们理解品牌家族的构成和运作方式提供了重要的理论框架。

国内有学者从不同角度出发，将品牌家族划分为多个类别，并探讨了不同类别品牌家族的特点和管理策略。他们的研究为品牌家族理论的丰富和发展做出了积极的贡献。

由于对市场参与者缺乏必要的监管和约束，同一地区可能出现相同的区域品牌形象，而产品、服务的主体不一致，标准不统一，质量标准也很难统一，“劣币驱逐良币”“搭便车”的情况也就难以避免。以地理位置为核心的区域品牌更是普遍存在从历史中虚构故事、借机炒作等现象。在实践上，一个强有力的背书者，才是顾客心目中性价比的保障。

三、艺术助力乡村品牌建设的原则

（一）系统性原则

乡村品牌的塑造是一项错综复杂的系统工程，它深度融合了品牌理念与乡村的产业结构、自然环境、社会组织及文化底蕴，旨在实现乡村文化的有效传播，进而推动乡村的整体繁荣。秉持系统性原则，人们需采取前瞻视角，进行全局性战略规划与细致布局，对乡村及其周边区域进行深度剖析；结合艺术乡村的独特魅力与品牌建设的核心要素，协调乡村与品牌间的内在关联，平衡各利益相关者与品牌发展的关系，精细划分品牌构成的各个维度与要素。在此基础上，通过整体规划与重点突破相结合的策略，稳步有序地推进乡村品牌建设工作，确保乡村品牌塑造的连续性与有效性。

（二）可持续性原则

乡村品牌的构建必须根植于乡村可持续发展的基石之上，以艺术为灵魂，依托乡村的自然资源，与乡村生态环境形成和谐共生的关系。乡村应深刻践行“绿水青山就是金山银山”的绿色发展理念，不仅注重现有自然资源的保护，还要巧妙盘活并合理利用各种闲置资源，通过创新与研发，推出一系列可持续性的乡村体验活动与特色产品，构建一种能够自我循环、持续发展的乡村品牌管理模式。这种将可持续发展理念深度融入品牌建设之中的做法将为乡村振兴战略的顺利实施提供强大动力，共绘乡村振兴的美好蓝图。

（三）多主体共建原则

乡村品牌的成功构建离不开多元主体的积极参与与协同合作。多主体共建原则旨在激发乡村的内在活力，拓宽乡村资源的利用边界，为乡村的高质量、高水平发展提供有力支撑。通过明确乡村品牌利益相关者的身份与角色，深入理解其利益诉求与期望，乡村构建了一个基于多主体共建共享的乡村品牌发展框架。这一框架鼓励各利益相关者建立常态化的合作机制，充分发挥各自优势与潜能，形成强大的合力。在多主体的共同努力下，乡村品牌建设将得以在和谐有序的环境中持续推进，确保品牌发展的长效性与可持续性，为村民创造更加美好的生活体验。

四、乡村品牌战略的维度分析

（一）乡村品牌战略的规划原则

首先，乡村品牌战略是为区域发展战略服务的，是基于全盘规划并促进当地经济、文化、环境等多方面可持续发展的战略性举措。无论是政府主管部门，还是协会组织、龙头企业，都可以成为乡村品牌战略的执行主体，进而成为区域发展战略的一部分，在达成乡村品牌战略目标的同时，有效促进区域发展目标的实现。

其次，乡村品牌也是促使各地文化自觉互动的纽带，以品牌建设振兴乡村不仅要在物理层面重建改造，还要实现乡村精神文化层面的共鸣，深入梳理乡村传统文化，通过区域营销活动将品牌形象以全新的视觉形式呈现给大众，促进人与人、人与自然、人与社会和谐共进。

从实际操作出发，乡村品牌可以是某个地理名称，也可以是产业带或旅游地标。这种资产是主体明确、受法律保护、可以积累和可以运营的。同时，无论使用什么识别策略，乡村品牌都不是一个单一的地理名称，而是具有辐射特征的品牌体系，其内容天生具有包容性和价值延伸性，是该区域在不同领域、不同产业集群、旅游地标创造的形象的集中体现。

（二）乡村品牌战略的实施

乡村品牌规划及建设实施是一个系统工程，既涉及宏观层面的乡村发展规划、中观层面的产业集群发展和微观层面的空间规划设计，也涉及乡村地区传统文化的普查、挖掘、再现与活化，还涉及与战略实施息息相关的经济社会持续发展和制度设计。

乡村品牌战略实施的主要内容如下：一是要摸清家底，依据自然资源条件，把握文化脉络；二是要搜集、整理、分析资料，寻找比较优势；三是要确定核心主题，明确市场定位；四是要营造文化氛围，创立持久的品牌，拥有较高的信誉。

1. 强化以人为本的品牌建设理念

通过对品牌内容的提炼加工，乡村品牌能满足消费者精神层面的需求和价值追求。通过强化能够吸引人、集聚人、愉悦人、留住人的理念，发掘区域传统文化元素中的优势元素，乡村品牌能彰显乡村文化的当代意义。乡村需要挖掘产业资源，为消费者提供令人愉悦的创意生活，规划和建设看得见山水的田园宜居环境，同时保留原有的文化空间肌理，营造良好的文化氛围，激发乡村活力。

2. 呈现多元化格局的品牌发展特征

依托核心资源，发挥个体创业者、艺术家、投资商、政府部门、企业、非营利组织等品牌主体的特点，使区域品牌呈现多元化的特征。发展历史文化资源型、文化创意科技型、旅游消费市场型、文化艺术主题型、特色产业集群型、乡村文化体验综合型品牌元素，为区域品牌注入各种元素。

3. 释放自内而外、自下而上的品牌发展动力

走内生式发展道路，增强品牌自内而外的发展动力，以城乡融合、三产融合、产城融合的思维使品牌成为乡村振兴的基础支撑。同时，激活品牌资源，应对市场需求，建立完整体系，促进产业与品牌整体协同发展，获得自下而上的发展动力，获取跨界联动的效果。

（三）乡村品牌战略的发展维度

1. 风貌——活化乡村生态

乡村品牌的人文特色包括乡土风貌、乡村社区和原生态的产业系统。乡土风

貌和文化生态是乡村文化传承的重要内容，也是宜居生态社区的魅力和灵魂。乡村品牌建设的外化体现在乡土风貌的保护和活化上，即遵循大自然的山水地势脉络和社会肌理，创建乡村社区，保留完整的产业生态链，形成发展生产、提高生活、改善生态的“三生共赢”品牌化乡村生态格局。

2. 风景——规划设计乡村

乡村规划设计与城市规划设计有所不同。在传承和创新乡村文化时，人们应创建符合乡村特点的内外场景，实现乡村空间优化。在乡村空间规划设计过程中，既要充分发挥乡村的现有优势，又要在此基础上进行创新，实现乡村空间的多元化利用，规范建筑、景观、街道、导示等特色风景。

3. 风俗——呈现个性图景

通过历史记忆的表达与再现、民风民俗的呈现与展示、本土文化的传播与推广可构成乡村的个性与品格。人们可利用街道、建筑、广场、公共服务设施、标识性景观等公共文化景观实现乡村历史记忆的表达与再现，把区域所特有的内容结合到乡村品牌中，展现区域独特的魅力和感染力。乡村可通过民族特色、民俗民情、民间艺术、节日庆典等的文化场景呈现，借助现代传播手段，塑造文化品牌，带动新兴产业发展。

4. 风物——挖掘产业资源

乡村可将文化资源、产业资源、文化符号转化为运营资本，与技术、产品、市场等产业要素进行动态整合，形成包括核心产业、支持产业、配套产业和衍生产业在内的产业体系。根据消费者的认知意识、消费心理和时代审美规律，总结、提炼出具有品牌特色的文化符号，通过拓展和运营将其转化为广大消费者可以接受的特色。

5. 风情——分享生活方式

地区与文化的差别是消费者旅游行为出现的最基本动机。乡村可利用文化旅游思维，强化区域人文的个性，通过吸引资本、技术、人才等各类生产要素为消费者提供专业化服务，以文化为引领，采用创新手段为消费者打造时尚生活环境，促进城乡互动互融。

（四）乡村品牌建设的作用机制

乡村品牌建设无疑对乡村振兴、城乡融合发展具有重要意义。在这一进程中，人们必须深刻认识到不同乡村的发展基础与潜力差异，从而精准施策。对于那些具备丰富自然资源、坚实基础及优越市场条件的乡村，人们应充分释放市场机制的活力，利用其灵活性、主动性的特点与竞争优势，实现品牌质量的全面提升。而对于起步较晚的乡村，则需强化政府的主导作用，使其在资源优化配置、政策引领、智力扶持等方面发挥关键作用，助力乡村实现跨越式发展。

其一，利益机制。乡村品牌的成功塑造不仅映射出参与各方的利益诉求，更承载着增进公共福祉的使命。因此，首要任务是确立以村民为中心的品牌建设原则，确保村民成为品牌价值的直接受益者。这意味着要构建一套完整的公共服务与社会保障体系，覆盖就业促进、教育培训、创业扶持、生活改善等多个维度，为那些既不离土也不离乡的村民提供全方位的支持与保障。同时，区域政府作为推动地方经济发展的关键力量，其利益诉求亦不容忽视。政府可通过乡村品牌建设，优化区域经济结构，改善人民居住环境及旅游环境，促进财政收入的增长，为地方社会的全面发展奠定坚实基础。此外，行业协会与相关企业作为乡村品牌建设的重要参与方，其利益与品牌效益紧密相连。成功的乡村品牌往往能带动其产品市场规模的扩大与利润的增长，为这些组织带来实实在在的好处。

其二，竞争与合作机制。要想乡村品牌时刻充满活力就需要让其更为多元化。在此过程中，政府要充分引入竞争和合作机制，使乡村品牌形成多元化发展格局，实现乡村品牌良性发展的目的。除此之外，还可以以村民个体或组织为依托，将其整合，搭配必要的资源，使其良性发展，壮大集体经济。在这过程中，政府还需要合理调配资源，统一协作指令，避免发生各自为政的情况，保持一致性。

其三，调节机制。调节机制的有效落实可以充分体现行业协会规模大、实力强、运作模式成熟、社会辐射力及影响力大的优势，促进乡村品牌资源整合，使其成为具有竞争力的现代产业，形成“利益共享、风险共担”的生态体系；调节机制可为企业开拓合作资源，培育品牌文化，提升产品质量，辅助企业做好品牌的全面管理，促使企业经营目标的达成；同时，还可为企业拓展外部资源，建立起与政府之间的沟通，既可让企业为政府提供产业信息支持，又可帮助企业向政府争取政策支持。除此之外，调节机制还能够起到维护公共关系、加强同行业交流及合作的作用。

其四，监管机制。政府主导是乡村品牌建设的核心，乡村品牌的准公共性质要求建设过程一定有政府行政力量介入。政府起到的作用主要包括引导、监督及服务；也包括从法律与制度等不同层面统筹推进建设工作、因地制宜地制订具有区域特色的乡村发展规划、做好顶层设计，以及协调各方关系、引导并维持良性竞争格局、规范管理体制、确保行业标准化实施、对产品及服务质量进行监督。

五、艺术助力乡村品牌建设的策略

（一）与利益相关者共建乡村品牌

在乡村品牌塑造的广阔蓝图中，利益相关者扮演着不可或缺的角色，他们如同品牌价值塑造过程中的坚固基石，不仅弥补了传统塑造结构的不足，还架起了品牌价值传递的新通道。强化这一结构的关键在于全面激活并融合利益相关者的多样化资源和能力，清晰界定每位参与者的角色、职责与利益诉求，从而编织出一张紧密相连的乡村品牌利益相关者网络。为了实现这一目标，人们需建立一套高效的利益相关者协调机制。这一机制旨在促使乡村品牌建设者在认知层面的深刻理解、目标设定层面的高度统一，以及在行动策略上的紧密协同。通过这一平台，各利益相关方能够携手并进，共同为乡村品牌的塑造贡献力量，确保品牌建设的每一步都凝聚着集体的智慧与努力。

（二）以艺术为主题建设乡村品牌

乡村品牌建设是乡村振兴的关键途径。它可利用艺术的魅力提升乡村品牌价值，通过艺术化的表达方式，展现乡村品牌的独特魅力与积极态度。艺术以其主体性、创造性、审美性和功能性，深度融合了乡村产业、生态、文化、生活及治理等要素，成了乡村品牌建设的核心载体。通过设定多样化的艺术主题，创新艺术形式与传播手段，设计独特的品牌标识与创意产品，并构建可持续的品牌管理框架，艺术不仅为乡村品牌建设增添了活力，也为乡村品牌注入了灵魂。这一过程不仅重塑了乡村产业与文化生态系统，还实现了人与自然、人与人，以及人与乡村之间和谐关系的重建。

（三）以系统化思维建设乡村品牌

乡村品牌建设是一项综合性强、涉及领域广且需长期投入的系统工程，其复杂性要求建设者采用系统化思维来规划和实施。这种系统化思维的运用可以确保乡村品牌实现可持续发展与高效运营。在当前政策引导与市场变化背景下，深度融合艺术资源与乡村资源并全面考量各品牌相关方的需求与期望，显得尤为重要。具体而言，建设者应聚焦于品牌文化、品牌标识、品牌产品线及品牌运营管理这四个核心维度，精心策划与执行。在此过程中，建设者需高度关注品牌维度、关键要素与乡村资源的契合度，准确把握各维度与要素间的差异，清晰界定并优化品牌内部架构与外部关系网络。通过细致的规划与调整来提升乡村品牌的独特魅力与核心竞争力，为其在激烈的市场竞争中赢得优势地位奠定坚实的基础。

六、艺术助力乡村品牌建设的路径

（一）塑造个性化的乡村品牌文化内涵

当今社会，品牌文化不仅仅是商业活动的附属品，更是企业精神与文化特质的深刻体现，它贯穿于品牌定位、个性、理念及价值等核心要素之中。对于乡村品牌而言，深入挖掘乡村文化的内涵，并将其与艺术形式巧妙融合，成了连接乡村与世界的独特桥梁。这种融合不仅能提升品牌的辨识度，还赋予了乡村新的生命力，引领着乡村的全面振兴。

1．品牌定位

品牌定位是乡村品牌建设的首要任务和基础，它如同灯塔，指引着品牌发展的方向。通过将艺术的独特韵味与乡村的资源相结合，人们能够创造出既符合市场要求又独具特色的品牌形象。人们不仅要深入挖掘乡村的历史文化、民俗风情、生态环境等多种元素，还要巧妙地将这些元素融入品牌定位之中，形成独具一格的乡村品牌，从而在激烈的市场竞争中脱颖而出。

2．品牌个性

品牌个性是乡村品牌区别于其他品牌的关键所在，它如同品牌的性格，影响着利益相关者的认知深度。在塑造乡村品牌个性的过程中，人们应注重艺术与乡村文化的深度融合，通过创新的表达方式和真诚的情感交流，让品牌个性更加鲜明。例如，可以打造具有创新精神、真诚态度或充满激情的品牌形象，以此吸引并留住那些追求高品质生活、渴望得到情感共鸣的消费者。

3．品牌理念

品牌理念是乡村品牌的核心价值观，它承载着品牌对消费者的承诺与期望。一个清晰的品牌理念能够引导品牌更好地满足利益相关者的需求，为消费者提供人性化的产品与服务。在乡村品牌建设过程中，人们应将品牌的文化特征、产品特性与艺术元素紧密结合，塑造独具特色的品牌理念。这一理念不仅应体现品牌对艺术的追求与尊重，还应展现出品牌对乡村发展的贡献与责任，以此赢得更多消费者的认同与支持。

4. 品牌价值

品牌价值作为品牌的精髓，涵盖经济价值、生态价值、社会价值及情感价值等多个维度。对于乡村品牌而言，其价值的塑造应该注重艺术的融入与表达。人们可以设立品牌艺术展馆，为乡村艺术提供展示的舞台；可以举办或参与国内外知名艺术节，提升品牌的影响力；可以开展艺术家联名活动，引入外部创意资源；可以对品牌进行艺术化改造，使其透露出艺术的韵味。这些都是品牌价值传递的渠道。

（二）设计优质的乡村品牌符号

品牌符号作为品牌与消费者沟通的桥梁，有着交换信息的功能，其构成要素涵盖品牌名称、标志、口号、形象及故事等。在构建乡村品牌时，品牌符号的设计需深深扎根于品牌文化的土壤，巧妙运用借用、解构、装饰、参照及创新等设计策略，打造出既富含乡村文化底蕴，又具备高辨识度和深刻记忆点的品牌符号。这对于推动乡村品牌的可持续发展，以及提升品牌价值具有积极影响。

1. 品牌名称

品牌名称作为品牌的第一张名片，其作用在于能够精炼而有效地传达品牌的核心价值，激发公众的浓厚兴趣与无限遐想。在设计乡村品牌名称时，需确保名称易于阅读与记忆，力求简洁而富有韵律感。在此基础上，融入乡村的地域特色与独特文化，通过谐音、地名、数字、人物或组合命名等手法，创造出既富有艺术韵味，又紧密关联乡村风情与品牌故事的品牌名称，唤起人们对乡村美好生活的向往。

2. 品牌标志

品牌标志作为游客识别与记忆品牌的关键元素，其设计需集独特性、创意性与延展性于一身。独特性能确保品牌标志在众多视觉元素中脱颖而出，成为品牌的独特标识；创意性则体现在点、线、面的精妙布局和对比、联想、渐变等艺术手法的运用上，赋予品牌标志深刻的寓意与生动的表现力；而延展性则保证品牌标志在不同媒介与应用场景中都能保持高度的识别性与视觉吸引力。品牌标志设计通过色彩、声音、气味、形状乃至文化等多种元素的巧妙融合，为游客提供了一个全方位、多维度的品牌体验，可以让乡村品牌的形象深入人心，易于被感知、记忆与理解。

3. 品牌口号

品牌口号作为品牌灵魂的具体语言表达，承载着传递品牌理念、激发情感共鸣的重要使命。它应具备强烈的说服力和描述性，要拥有浓厚的情感色彩，让每一次宣传都成为一次对受众心灵的触动。在乡村品牌塑造过程中，品牌口号应紧密围绕乡村发展的美好愿景与品牌的核心价值，用精炼而富有感染力的语言唤起人们对乡村生活的向往，激发人们对品牌的认同感，共同构筑起一个充满艺术气息与乡村温情的品牌。富有创意与情感共鸣的乡村品牌口号是触动人心、激发消费者消费潜能的关键。这些口号不仅需根植于品牌定位，更需巧妙创新，融入网络流行语，以图文并茂、视听交融的呈现方式，展现乡村品牌的艺术灵魂与文化底蕴，从而在消费者心中形成深刻的品牌印记，增强消费者对品牌的信任度。

4.品牌形象

品牌形象如同乡村的一张绚丽名片，以视觉艺术的形式引领着市场潮流，提高了大众对品牌的认同感。在尊重并贴合目标群体审美偏好的前提下，乡村品牌开发者应深入挖掘乡村独有的资源，融合其悠久的历史文化底蕴，从房屋、农田、水系、道路、墙面、林木等每一处细节入手，精心打造品牌形象，使其与乡村风貌完美融合。通过色彩斑斓的墙绘、主题鲜明的壁画、创意无限的装置艺术、引人入胜的艺术展览及活力四射的艺术节等，全方位展现艺术乡村的独特魅力，让每一位接触者都能感受到品牌的温度，赢得更多人的青睐与赞赏。

5.品牌故事

品牌故事是连接品牌与人内心深处的情感的桥梁。一个优秀的品牌故事应当深刻体现品牌的文化精髓与价值取向，使利益相关者与品牌产生情感共鸣，激发他们对品牌的信赖与喜爱。人们需要围绕品牌核心理念与价值，精选能够彰显品牌个性与历史的故事素材，构建角色鲜明、情节跌宕的故事框架。同时，邀请与品牌调性相契合的艺术家，通过连环画、精美插画、创意广告、影视作品等多种形式，将品牌故事呈现出来，让每一个画面、每一段情节都能触动人心，深化品牌与利益相关者之间的情感联系，共同编织关于乡村的品牌故事。

（三）构建特色乡村品牌产品体系

在当今市场竞争的洪流中，产品同质化问题日益凸显，消费者对产品个性与品质的要求日益增加。借助乡村独有的资源，当地政府可以推行“艺术+”战略，构建特色乡村品牌产品体系，为乡村品牌产品注入活力，从功能、价格、品质、服务、类别、形象六大维度入手，创造符合各方需求、蕴含深厚品牌文化的乡村品牌产品。

1. 产品功能

产品功能的核心在于产品的实用价值与附加价值。传统乡村产品偏重实用性，而艺术的融入则让乡村产品不仅能满足消费者的基本需求，还能为其提供审美享受、独特体验。乡村通过与艺术家合作、让艺术家入驻、建立采风基地等方式，为产品注入了更多艺术元素，提升了产品的艺术价值与市场吸引力。

2. 产品价格

价格是消费者评估产品质量的直观依据，因此，制定合理价格策略至关重要。乡村需基于市场趋势，深入分析竞品情况，结合产品特色、艺术元素及质量水平，科学核算成本（生产、销售、利润等），并灵活运用竞争导向定价法等方式，综合考虑市场反馈与消费者心理，确保产品价格合理且具有竞争力。

3. 产品品质

品质是品牌的立足之本，包括产品的耐用性、安全性及其他各项性能指标。乡村可融合生态设计理念与数字技术，将产品提升至艺术品级别，增强产品的耐用性并赋予其独特的艺术美感，全面提升产品质感，确保每一件产品都能满足消费者的高品质追求。

4. 产品服务

产品服务是品牌形象的延伸，包括服务流程的高效性、服务形象的亲和力、服务环境的舒适度及服务人员的专业素养等。在产品日益同质化的市场中，构建卓越的服务体系并为消费者提供良好的体验成了赢得消费者信赖的关键。乡村品牌可通过融入艺术元素来提升服务过程的艺术氛围，使消费者的每一次服务体验都成为一次美好的艺术之旅。环境艺术、体态艺术、心态艺术及语言艺术等多元服务艺术，共同构建了一个覆盖“售前咨询、售中服务、售后跟进”全链条且融合“线上互动与线下体验”的全方位品牌产品服务体系。塑造服务人员优雅得体的外在形象——整洁的仪表、标准化的着装及积极的精神风貌，可以提升消费者的服务体验愉悦度。同时，也可利用色彩、声音、气味及空间布局等手法，强化品牌产品的服务氛围。此外，品牌可以通过系统化的服务语言、态度、方式及高水准的培训来激发服务人员的主动服务意识，以卓越的产品服务赢得广大利益相关者的信赖与青睐。

5. 产品类别

产品类别明确了产品所属的具体分类，如农副特色、文化创意、研学体验等类别。不同类别的产品旨在满足不同消费者群体的特定需求，同时挖掘潜在消费市场。品牌可以依托乡村独特的艺术表现形式与资源优势，深入分析市场需求与竞争对手的动态，挖掘差异化竞争优势。从饮食、住宿、交通、游览、购物、娱乐等多维度出发，既细化现有品类又勇于开创全新品类，以此塑造乡村品牌产品的独特竞争力。

6．产品形象

产品形象作为品牌形象的延伸与升华，聚焦于产品给予消费者的直观印象与认知，涵盖产品造型、包装设计、色彩搭配等关键要素。在巩固品牌形象的基础上，品牌需要综合考虑产品的便携性、运输安全、展示效果及使用场景，巧妙融合扁平化、极简风、怀旧感等多种艺术风格，运用大胆且独特的色彩方案，创造出既具形式美感又富含乡村文化韵味的产品外观与包装，从而进一步增强品牌的辨识度和吸引力。

（四）实施最优的乡村品牌经营管理策略

实施经营管理策略的过程犹如构建一个精细的系统，涵盖了从保障基础到市场传播的各个方面，具体可分解为七个关键环节：保障机制、品牌经营、品牌管控、品牌关系、品牌组织、品牌延伸、品牌传播。

1．保障机制

为了确保乡村品牌的持续繁荣，乡村必须建立稳固的保障机制。其关键不仅仅在于物质条件的支持，更涉及精神文化的滋养。乡村可通过吸引乡村人才回归、邀请知名人士入驻、培育本土艺术人才等策略，构建人才团队；同时，采用激励措施激发团队创造力与积极性，以及通过明确的权责划分来确保品牌运营的稳健性。这样的机制为乡村品牌营造了一个健康、积极的发展氛围。

2．品牌经营

品牌经营的关键在于将其视为独立商业个体，巧妙整合各方资源，以实现经济效益与社会效益的双赢。这意味着乡村需要树立一定的品牌经营观念，制定适合的品牌经营策略。在不同的发展阶段，乡村需制订相应的品牌经营规划，无论是采用单一品牌深耕细作，还是通过多品牌策略（如独立产品品牌、分类品牌或主副品牌组合）来拓展市场，都应因地制宜，灵活应对。这样的经营模式有助于品牌的长期稳定和持续发展。

3. 品牌管控

品牌管控是实施乡村品牌管理策略过程中的重要一环，它涉及对品牌内部运营和外部形象的双重维护。有效的管控机制能够规范品牌行为，引导其向更高层次发展，并显著提升其市场竞争力。通过科学的内部管理，品牌运营会更加高效与合规；同时，还会使品牌更加积极地应对外部环境变化，维护自身形象，提升影响力。这样的管控体系是乡村品牌持续成长的坚实后盾。

4. 品牌关系

乡村品牌的关系网错综复杂，包括与利益相关者、母品牌、子品牌及品牌要素之间的关系。通过组织多样化的艺术体验活动、艺术展演和主题艺术集市等，品牌与品牌、品牌与利益相关者之间的互动与联系会得到加强，进而形成开放式良性关系网。这种关系网的构建有助于乡村品牌在差异中寻找统一，实现资源共享与优势互补，推动品牌持续健康发展。

5. 品牌组织

品牌组织是品牌管理体系的基石。由于乡村品牌的特殊性，品牌方需选择适合的品牌架构方式，如单一品牌架构、背书架构或多品牌架构等。在构建品牌组织时，当地政府应充分考虑乡村各产业品牌、文化品牌间的互动关系，确保品牌组织既能有效整合资源，又能使品牌价值最大化。通过明确的分工、清晰的职责与流畅的管理流程，品牌组织为乡村品牌的长期发展奠定了坚实基础。

6. 品牌延伸

在艺术乡建的蓝图中，品牌延伸扮演着至关重要的角色，它涵盖文化、符号、产品及经营管理四大维度。品牌延伸旨在深度挖掘并广泛传播乡村的艺术魅力，满足市场多样化需求，提升品牌形象，拓宽产品销售渠道。通过巧妙利用现有品牌资产，如共享品牌背后的故事、理念、个性及定位，人们能进一步丰富品牌文化内涵，创新品牌视觉元素，如标志、口号及形象，实现文化深度与广度的双重延伸。同时，依托品牌在市场、技术、品质上的优势，品牌方可以为消费者提供更加丰富、全面的选择。而在经营管理层面，借鉴并优化成功的经营模式与经验，能实现管理效能的全面提升，为品牌注入新的活力。

7. 品牌传播

艺术作为品牌传播的强大引擎，正引领着人们以一种前所未有的方式讲述乡村故事，提升知名度与影响力。通过整合品牌传播的主体、内容、渠道及技术资源，人们构建了一个高效的传播体系，旨在以艺术之名，让乡村之美传遍四方。利用艺术展览、艺术空间及艺术作品等形式，乡村打造了一场场视觉与心灵的盛宴，让公众在沉浸式体验中感受乡村的艺术魅力。结合物联网、人工智能、云计算等前沿技术，辅以多媒体手段，乡村实现了乡村品牌传播的全息覆盖与全程互动，让品牌信息传达到城市的每一个角落。这一系列精心策划的传播活动不仅让利益相关者深刻体会到了品牌所蕴含的艺术氛围与文化底蕴，更清晰地传递了品牌的核心价值与理念，为乡村品牌建设与市场拓展奠定了坚实的基础。

第四章　乡村建筑设计助力艺术乡建

随着国家对乡村振兴战略的不断推进，现代乡村建筑作为乡村发展的重要载体，其文化传承与创新问题日益凸显。本章为乡村建筑设计助力艺术乡建，分为三个部分，依次是乡村建筑设计概述、乡村建筑设计的过程、乡村建筑设计的原则和策略。

第一节　乡村建筑设计概述

乡村振兴视角下的乡村建筑作为新时代发展的产物，其发展历程对于发现当代乡村建筑设计存在的问题和确定乡村建筑设计的发展趋势起着至关重要的作用，同时分析当代乡村建筑存在的需求与矛盾对于正确把控当代乡村建筑的发展方向具有关键作用。本节分为乡村建筑的发展历程、乡村建筑设计存在的问题、乡村建筑设计的发展趋势三部分。

一、乡村建筑的发展历程

（一）封建社会时期的乡村建筑

封建社会时期，中国孕育出了悠久而深厚的农业文明。这一时期，乡村作为文明的摇篮，自然而然地吸纳了农业文化的精髓，塑造了独具一格的乡村文化景观。这一时期的显著特征之一便是农本主义思想深深烙印在村民的日常与精神世界之中。同时，儒家文化作为精神灯塔，引领着乡村社会的道德与价值体系的发展。

在中国传统乡村，农业不仅是经济的基石，还是社会结构与文化认同的核心。这种以农为本的思想体系与中国传统文化中“尊天重地”的观念紧密相连，共同构筑了社会的价值框架与道德准则。儒家礼仪作为道德规范，进一步细化了乡村的行为准则，使得农业文明与农耕文化思想相得益彰，成为中国文化的独特标识。

中国封建社会时期的建筑装饰不仅具有浓厚的东方文化神韵，而且还是提升建筑艺术魅力的关键。这些装饰不仅美化了建筑物的外观，还是建筑物不可或缺的一部分，彰显了中国建筑的独特韵味。

在这一时期，建筑装饰艺术紧密围绕“土”与“木”两大自然元素展开，建筑从整体形态到每一个细微构件，都巧妙运用了木构架的组合、形态设计并考虑到了材料本身的质感，实现了功能、结构与美学的和谐统一。这种设计理念不仅是高超中国古代建筑技术的体现，也是艺术创造力的杰出展现。值得一提的是，封建社会时期的建筑师无论是在建筑群的整体规划上，还是在单体建筑的细节雕琢上，都倾注了大量心血，创造出了一系列丰富多彩、兼具装饰与实用功能的建筑构件。这些构件不仅美化了建筑外观，还使每一座建筑都成了艺术与生活的完美融合体，展现了中国封建社会建筑的独特魅力与非凡成就。中国封建社会时期的建筑装饰是我国的艺术瑰宝，为以后的建筑奠定了一定的文化基础。封建社会时期的乡村建筑不论是整体还是部分都蕴含了一定的艺术特征，具有浓厚的文化韵味，也具有乡村本身的特征。

（二）民国时期的乡村建筑

民国时期的乡村逐渐受到外来文化与社会制度的影响，使得乡村的经济、政治、文化、生活发生了转变，这个时期的乡村建设主要体现在乡村文化、农业经济和社会生活层面。在面对乡村这个体量巨大且长期处于封闭的状态下的社会时，乡村建设并没有对乡村根本的文化底蕴产生较大影响。

在这样的背景下，以梁漱溟、晏阳初、卢作孚为代表的一批爱国知识分子，以毛泽东为首的早期中国共产党人深入乡村掀起了一场轰轰烈烈的乡村建设运动。他们对中国传统文化进行了深刻反思，试图通过乡村建设实践复兴乡村，实现民族的再造。乡村建设流派通过文化教育提升农民素质、引进动植物品种改良农业生产、建立乡村基本医疗体系，还尝试化解传统乡村的社会危机、重建乡村政治、复兴乡土社会文化、提升村民文化素质。这场看似以复兴乡村为目标实则救济民族的乡村建设运动前后持续了十余年之久，涉及大半个中国，对中国乡村建设和发展产生了深刻的影响。当前，我们重新研究民国时期的著名乡村建设流派的思想与实践，不仅可以为当前我国乡村振兴战略实施期间所面临的现实问题解决提供现实参考，而且其所遗留的丰富精神文化遗产也有利于指导乡村振兴事业的发展。

在这一时期，社会活动家梁漱溟提出了“救济乡村”的目标，具体做法为先组织乡村，再改善乡村政治，最后建设乡村。也有学者认为，乡村建设代表了整个中国社会的制度结构，应从文化、教育、农业、经济等方面进行建设。然而，受当时的时代背景制约，这些文化思想仅停留在了理论层面，而少有实践成功之案例。虽然民国时期的乡村建设未有实质上的进展，但是这个时期所提出的乡村建设理论仍对以后的乡村建设提供了参考。

民国时期作为中国近代建筑史上的一个重要时期，是中国建筑从古建筑到现代建筑过渡的一个时期。民国建筑具有一定的特点和特殊性，中国的第一批建筑师为此做出了巨大的贡献。他们不甘模仿外国建筑师的风格，努力探索中国建筑的民族形式，为中国建筑的前途谋求出路。在现代主义和后现代主义建筑国际化的今天，千篇一律的城市风貌正需要民族文化的注入，新一代的建筑师也应该学习、发扬第一代建筑师的探索精神，让民族文化和现代建筑更好地融合。

（三）中华人民共和国成立初期的乡村建筑

20 世纪 50 年代到 20 世纪 80 年代，中国乡村经历了一场深刻的变革，这是在中国共产党统筹规划下的社会主义改造运动中的关键时期。该时期，人民公社制度的建立标志着对延续数千年的封建小农经济结构的根本性突破，有效促进了乡村生产力的相对提升。然而，尽管这一乡村建设运动在国家层面得到了强力推动，但其成效主要体现在制度框架、文化观念及生活方式的转变上，而在乡村物质环境尤其是文化建筑层面，建设进展却相对有限。

新民主主义革命时期，合作社经济发展模式已初显成效，为后续乡村建设实践奠定了坚实基础。中华人民共和国成立后，合作化浪潮席卷全国，各地纷纷响应。其中，上海市供销合作总社的发展尤为独特，展现出了鲜明的地域特色。鉴于革命战争年代缺乏稳定的根据地及成熟的合作社经验，中华人民共和国成立之初的上海创造性地采取了接管、整顿与改造旧合作社的策略，成功构建了上海市供销合作总社，为上海乃至全国的供销合作事业开辟了新纪元。上海市供销合作总社是中华人民共和国成立后典型的合作事业单位，意味着中华人民共和国成立后制度的转变。

由于制度的转变，这一时期的乡村建筑也随之改变，主要包括人民剧院、人民广场及露天电影院等，这些建筑可以更好地助力乡村振兴。一方面，这些建筑可以促进乡村经济的发展，为乡村居民增收；另一方面，乡村居民可以打造适合人民群众活动的平台，让人民群众获益。

（四）新农村建设时期的乡村建筑

2005 年 10 月，中国共产党第十六届中央委员会第五次全体会议正式提出了“建设社会主义新农村”的相关政策。我国乡村建设开始步入多元探索的发展阶段，以生产发展、生活宽裕、乡风文明、村容整洁、管理民主为建设内涵推动乡村发展。从政府到村民，从社会媒体到高校学者，都尝试通过各种途径参与到乡村建设中。

在 2012 年 11 月召开的中国共产党第十八次全国代表大会，以及 2013—2017 年连续五年发布的中央一号文件上都强调了美丽乡村建设的问题。美丽乡村建设的内涵包括以下几部分内容：注重生产能力提升，实现产业美；注重生态环境改善，实现环境美；注重生活方便、舒适，实现生活美；注重生命美丽精彩，实现人文美；注重生产关系变革，实现和谐美；注重科学规划引导，实现建设美。

2017 年，党的十九大报告提出，实施乡村振兴战略。该战略围绕产业兴旺、生态宜居、乡风文明、治理有效、生活富裕展开。把“乡村振兴”作为一个“战略”提出来，这有别于以往任何一个农业农村发展政策，它所展现出来的是一个宏观的、系统的、综合性的、全局性的发展战略。

党的二十大报告提出，统筹乡村基础设施和公共服务布局，建设宜居宜业和美乡村。[①]

当前，随着上述新举措与新理念的提出，人们更加期待构建宜居宜业的美丽乡村。达成这一目标的关键在于，我们要在乡村建筑设计中巧妙地融合传统并进行创新，紧密结合田园美景、自然生态及人文底蕴，凸显地域特色和历史文化脉络，这是塑造美丽乡村新形象的核心所在。此举不仅有助于乡村旅游业的繁荣与乡村文化的传承，更是推动乡村振兴、实现宜居宜业愿景的重要途径。

近年来，政府对乡村发展的重视达到了前所未有的高度，政策扶持与资金投入力度显著加大，引领了乡村建设的新高潮。这些政策紧扣新时代发展脉搏，既是对过往农业农村建设成就的继承与超越，也是农业农村发展步入新阶段的必然产物。乡村振兴已上升为国家战略，涵盖政治、文化、经济等多个维度，形成了政府、社会、个人多方共进的良好态势，为城乡融合发展奠定了坚实基础。

自 2015 年起，乡村建设领域得到了前所未有的发展，众多建筑师积极投身其中，如“碧山计划”、莫干山改造项目等，成为乡村振兴战略实施过程中的亮点。这一转变标志着乡村建设的参与主体从单一政府迈向了多元化，社会和个人的参

① 党的二十大文件汇编 [M]. 北京：党建读物出版社，2022.

与程度显著提高。然而，当前乡村建设也存在一些挑战，如建筑师个人参与的局限性、研究视角偏重建筑单体而缺乏系统性规划等，导致部分乡村建筑未能充分满足村民实际需求并获得广泛认同。面对这一现状，我们需更加重视乡村建设的科学性和系统性，确保各参与方的利益与价值诉求得到合理平衡。通过综合规划、多方协作，探索更加符合乡村实际、能够赢得村民与社会广泛认可的乡村建设新路径，共同绘制美丽乡村的美好蓝图。随着时代的进步，乡村地区不仅保留了其独特的自然风格与田园风情，其建筑风貌也迎来了前所未有的多样化发展机会。当代乡村不再局限于传统的居住形式，而是涌现出一系列富有文化内涵与具有现代功能的建筑类型，极大地丰富了村民的文化生活与空间体验。乡村博物馆与纪念馆成为传承乡村历史记忆、展示地方特色的重要窗口；乡村客厅则以开放包容的姿态，成为村民聚会交流、迎接宾客的新空间；乡村剧场与礼堂的建设使村民的文化生活更加丰富多彩，为村民提供了享受艺术、参与文化活动的平台。此外，乡村还建立了文化站、图书室与活动室，这些设施不仅促进了知识的传播，还增强了村民之间的凝聚力与社区活力。乡村学堂的复兴则注重传承与发展乡村教育，培养新一代青年对乡土文化的认同感与热爱。茶艺馆与工艺作坊的兴起更是将传统技艺与现代生活相融合，让游客在体验中感受乡村文化的魅力，同时也为乡村经济注入了新的活力。这些建筑共同绘制出一幅生动多彩的乡村新画卷，展现了乡村文化的独特魅力与勃勃生机。

以上内容简单介绍了封建社会时期、民国时期、中华人民共和国成立初期、新农村建设时期的乡村建筑情况。乡村建筑是随着社会的发展而发展的，要进行乡村建筑设计研究就必须了解乡村建筑的发展历程。探讨乡村建筑设计，深入理解其发展脉络是关键所在，而这一研究不可避免地与乡村文化的演变紧密相连。在历史的演进中，乡村建设逐渐从一种封闭建设模式转变为公众广泛参与、集体协作的建设模式。这种转变不仅是在建筑风格和物质空间上的变革，它更多地反映了一种文化生活的重塑和升级。其中包含了乡村社会从单一的经济生活模式逐步演变为更富活力和多样性的公共文化生活模式的过程。乡村建筑设计的核心价值在于，它既是乡村文化传承的载体，也是推动乡村社会进步和发展的重要力量。

改善乡村人文环境与经济状况对全面推进社会进步与社会平衡具有极其深远的影响。多年的改革开放使我国在乡村建设和规划领域构筑了一套完整的架构，并且推出了一系列政策。其中，加速优化村庄规划是至关重要的步骤，需要在设计方案的基础上，制定出一套科学且实用的执行策略。

二、乡村建筑设计存在的问题

（一）乡村建筑设计文化缺失

乡村文化这一源自民间的瑰宝，蕴含着旺盛的生命力，也是我们常说的民间文化。有人觉得乡村文化略显粗犷，欠缺深邃的文化韵味，但有的人持不同意见，视乡村文化为中华优秀传统文化的根基所在，深厚而纯粹。无论评价如何，不可否认的是，乡村文化植根于民间，代代相传，它不仅是习俗的堆砌，更是乡土文化灵魂的具象化表达，直接映射出村民质朴而丰富的精神世界。在乡村，文艺表演成为弘扬这一文化的重要舞台。对于村民而言，这样的形式不仅是文化生活的核心，更是心灵的归属。

随着时代的发展，乡村文化建筑如雨后春笋般涌现：戏台古朴典雅，乡村剧场热闹非凡，文化礼堂庄重而温馨，音乐厅内乐声悠扬。它们共同构成了一幅幅新型文化景观画卷，为文艺展演提供了广阔的天地。满足村民日益增长的文化活动需求离不开对乡村现有文化展演空间的精心规划与建设。这要求人们深入调研、细致评估，既要对已有的设施进行科学合理的改造升级，也要勇于创新、适时新建，力求为村民搭建起更多元、更适宜的展演平台。乡村振兴视角下的乡村建筑设计要以乡村文化为出发点，秉承战略服从文化的原则进行乡村建筑设计。

遗憾的是，当前有部分乡村建筑在追求现代化的道路上忽视了自身独特的地域风貌与文化传承，导致建筑风格趋同，失去了应有的个性与灵魂。传统的乡村建筑往往以院落为核心，房屋环绕，形成了一种既封闭又开放的和谐布局，院落不仅是居住的空间，更是情感的寄托与文化的象征。反观当下，有的乡村建筑摒弃了这一经典布局，失去了那份温馨与韵味；即便有些建筑保留了院落形式，也只是形式上的简单堆砌，未能真正体现出围合空间的美学价值与文化价值。

任何乡村建筑设计都不能脱离优秀的传统文化，只追求现代文明的建筑设计行为，只会增加乡村建筑的违和感，不会产生高质量的乡村建筑。乡村建筑文化的缺失不仅会导致乡村建筑缺乏创新性、文化性，而且会导致乡村建筑缺乏时代性。因此，针对乡村建筑文化缺失的问题，建筑师要寻找具有强大生命力的乡村建筑文化，并把优秀的传统文化运用到乡村建筑设计中去，将优秀的传统文化和现代文明相结合，打造出既具有优秀的传统文化气息又不脱离时代的乡村建筑，这样才能为村民提供更好的乡村建筑。

（二）乡村建筑设计脱离传统建筑理念

当代乡村面临着青壮年劳动力过度输出的状况，这导致乡村人口减少，部分农宅也因此闲置。与此同时，部分村民利用外出务工的收入回村建设新宅，选址大多在村庄外围交通便捷的地方，而旧宅则荒废于原地。建筑师在乡村建筑设计过程中可以和村民交流新旧建筑方面的知识，让村民认识到旧建筑的价值，也认识到保护资源、节约资金的重要性。这样设计师在设计中就会将新旧建筑的建筑理念结合起来，不会脱离传统建筑设计理念。

大量新建住宅占用了大量的土地面积，会导致土地的不合理利用。原本狭小的道路变得更加拥挤，影响了乡村交通的发展。交通是重要的公共基础设施，一旦出现问题，就会给农村管理带来相应的问题。交通是很重要的一个因素，村民在进行乡村建筑设计时要考虑这个因素，如果乡村建筑设计影响交通，就不是合格的乡村建筑了。

（三）乡村建筑设计改造方式有误

一方面，在乡村建筑转型与重塑的进程中，往往伴随着对原有传统建筑的拆除与重建，不经意间加速了传统建筑文化的消逝。另一方面，部分地区政府在实施乡村振兴战略时，存在盲目模仿他村风貌的现象，忽视了本地独有的自然景观、地形特色及深厚的文化底蕴，最终导致形成了众多村落风貌趋同的“千村一面”格局。每个村落有每个村落的特色，建筑师在进行乡村建筑设计时，应当把村落的特色考虑进去。建筑师、村民、政府都应该改变改造方式，保留村落原有传统建筑文化，体现村落的独特性。

建筑师在乡村建筑设计中应当采用现代建造技术提高传统建筑的稳定性，完善建筑使用空间，提供给村民现代化的生活方式，也带动乡村地区更好地发展。建筑师在运用现代化技术的过程中，不能丢掉传统建筑自带的文化精髓，也不能丢掉村落特色，只有这样才能保证在乡村建筑改造的过程中，将传统建筑的优势和现代建造技术的优势结合起来，形成独具特色的乡村建筑。

对于广大村民而言，经济因素是阻碍传统建筑保护与改造的首要障碍。由于资金储备有限，村民往往难以主动投入传统建筑的改造之中。在资源分配上，一旦农户手头宽裕，更倾向于选择对现有住房进行现代化翻新，而非将资金用于维护闲置或老旧的传统建筑。因此，经济难题不解，乡村传统建筑的保护与传承便无从谈起，乡村建筑设计的多元化与传承性亦将受到威胁，影响到传统建筑所承载的文化理念与美学价值。

（四）乡村建筑设计形式、色彩缺乏美感

回溯我们的成长轨迹，从儿时嬉戏的乡土村落，到长大后探访的特色村落与古朴街巷，不难发现，那些往昔的村庄无一不是镶嵌在地域文化与自然景观中的独特聚落瑰宝。昔日，民居散落有致，依山傍水，与周边密林、广袤农田、清澈水塘交相辉映，构成了一幅幅怡人的田园诗画。时代的车轮滚滚向前，不少乡村面貌也悄然生变。大批采用砖混结构的房屋拔地而起，虽满足了居住需求，但以牺牲环境和谐为代价，家家户户外观趋同，个性尽失。在乡村建设的浪潮中，缺乏专业规划与指导的弊端逐渐显现：村民盲目效仿、随意搭建，导致建筑不仅耗能高、占地不集约、不经济，而且建筑形式缺乏美感和新意。

此外，当前部分乡村建筑在色彩运用上显得相对随意，缺乏统一规划与专业指导，导致建筑色彩与自然环境格格不入，甚至产生视觉污染。更有甚者盲目追求潮流，忽视了地域文化的独特性，使得建筑色彩与当地环境色彩搭配失调，不仅未能提升乡村形象，反而削弱了其原有的文化底蕴。

（五）乡村建筑设计缺乏科学规划

乡村建筑设计中存在的另外一个问题是设计缺乏科学规划，最具代表性的是乡村旅游建筑。乡村旅游业已经成为乡村经济新的增长点，因此许多新的建筑也应运而生，成为当代乡村建设不可或缺的部分。在乡村旅游建筑设计中，设计者不仅需要考虑当地居民的日常生活需求，还需要注重为游客提供良好的旅游体验。然而，当下乡村旅游建筑设计也面临着一些挑战。

首先，在旅游业迅速发展的背景下，虽然出现了大批乡村旅游建筑，但一些建筑并没有进行科学的规划。这导致乡村建筑空间布局混乱，影响了整个村落的景观风貌，从而让乡村的空间格局和建筑风貌无法得到有效的整合和提升。盲目建房的后果就是房子多了，但是没有保持乡村建筑的风格，更没有达到最初建造乡村旅游建筑的目的。建造乡村旅游建筑的目的是让游客了解当地的风土人情和文化习俗。如果乡村旅游建筑和别的地方一样，那么游客去哪里旅游都一样了。

其次，随着城镇化和现代化的推进，乡村旅游建筑的乡土性被淡化，部分乡村建筑中混入了不适宜的现代化色彩，新建筑与传统建筑形成强烈反差，部分乡村建筑与环境的不协调，也破坏了乡村的整体风貌。在运用得当的情况下，现代建筑某些特色的运用会给传统建筑增添一些吸引力；如果运用不得当，将现代建筑的某些方面强加到传统建筑中，那给人的就是一种奇怪的感觉，既失去了现代建筑的城镇化，又失去了传统建筑的文化性。随着城镇化的不断推进，现代城镇

化理念不断地涌入乡村，集体式居民楼建筑在乡村出现，使传统特色乡村建筑的存在受到威胁。部分乡村对传统建筑及古建筑的保护力度并不够。随着经济的发展，部分乡村传统建筑面临着损坏和拆除的困境，这导致乡村特色也在慢慢消失。现在，很多人喜欢到乡土气息浓厚的地方旅游，很大的原因是那些地方的建筑具有乡土气息，能让人受到传统文化的洗礼。倘若不适当地加入现代建筑的元素，造成强烈的违和感，游客就很难感受到乡土气息，也就不会到乡村旅游，这不利于乡村旅游业的发展。

最后，乡村建筑周围环境的管理问题也影响了乡村建筑的整体风貌。村民传统的生产生活方式观念还没有及时转变，一些人任意开拓乡村建筑周围的空间，使一些新建的旅游建筑及其周围的环境遭到破坏。如果村民能够及时意识到并改正这些不恰当的行为，乡村建筑就会以一个全新的面貌出现在游客眼前。然而，生产生活方式观念的改变不是一时的，需要村民充分认识到自己的行为对乡村建筑的影响，每个村民都应当为乡村旅游事业出力，改变传统观念中的坏习惯，不随意利用住宅周围的空地，以乡村建筑为先。只有这样才能促进乡村旅游业的健康、蓬勃发展。

综上，面对现代乡村在传统建筑保护和改造方面的种种问题，我们要积极采取措施，改变现状。如何增强村民保护传统建筑的意识，如何将现代化设计与传统乡村建筑进行结合，如何在提供给村民基本生活保障的同时还能为乡村带来经济发展，建筑设计师都要从长久发展的角度来审视和思考这些问题。

三、乡村建筑设计的发展趋势

随着乡村城镇化步伐的加快，乡村居民的居住环境也日益趋向城镇化。这一变化虽为村民带来了生活秩序品质的提升，但也悄然瓦解了乡村原有的传统聚居风貌，使居民难以再亲近自然。

在推进美丽乡村建设的进程中，部分传统乡村建筑被拆除，取而代之的是现代化的建筑。当然，部分因年久失修而失去居住功能的传统住宅，其建筑工艺或室内设计可能不再具备深入研究和保存的价值，拆除这类建筑也是无可厚非的。然而，对于那些拥有深厚历史底蕴、富含地域文化特色和精湛装修工艺的传统建筑，它们不仅是历史的见证，更是文化的传承，应当得到妥善的修缮与保护，而非简单的拆除。

在城镇化与现代化的浪潮之下，中国乡村正经历着生活方式、文化价值、生态环境等多方面的深刻变革。从历史发展的角度看，这些变革有其必然性，但需要注意的是，快速发展带来的不仅是进步，还有问题，如建筑风格的同质化、地域特色的淡化等。

在乡村建筑领域，我们应当警惕现代元素的盲目堆砌，而应努力探索如何在保持传统地域特色的同时在乡村建筑设计中融入现代设计理念，实现传统与现代的和谐共生。只有这样，才能确保在建设美丽乡村的过程中，不仅改善村民的生活条件，还能守护好那些宝贵的文化遗产，让乡村成为既有现代气息又不失传统韵味的美好家园。

乡村建筑的转型升级并非单一技术层面的革新，而是一场需深度融合经济、文化、生态等多维度的综合变革。从文化视角来看，乡村发展不应是对传统乡村建筑的盲目保护或彻底摒弃重建，而是要在乡土与乡村这两个既相互依存又各具特色的概念间找到平衡。乡村建筑不仅承载着村民的历史记忆，其传统建造技艺与蕴含的可持续理念更是宝贵的精神财富，对于传承地域文化、增强地方归属感具有不可替代的作用。因此，当代乡村建筑的发展应建立在尊重传统的基础上，要融入现代元素，实现传统与现代的和谐共生，这才是真正的可持续发展之路。

面对我国乡村建筑设计的复杂性与多样性，短期内全面解决问题确非易事，长远规划与设计成为必然。在此过程中，政府的作用举足轻重。从资金投入到规划引领，从设计创新到文化传承，政府的支持与引导是不可或缺的。

我国作为拥有丰富民族文化的国家，乡村建筑设计应深入挖掘并融入当地文化特色，让一砖一瓦都讲述着地域的故事，实现传统建筑文化在现代社会的传承与发展。

此外，提升村民的文化素养与建筑保护意识同样关键。政府应加大宣传教育力度，让村民充分认识到乡村建筑的价值，激发他们参与建筑保护与建筑文化传承的热情。同时，引进专业建筑设计师，使其深入了解各区域乡村建筑的独特文化，与村民紧密沟通，确保设计方案既能满足村民现代生活需求，又保留乡村原有风貌与情感连接。

（一）体现乡村建筑设计的实用性

随着乡村生活环境的不断改善，村民生活发生了很大的变化，外部经济环境也发生了很大的变化，人们的居住理念不断改变。在建筑设计的过程中，人们越来越重视建筑的内在功能设计，从而促进了乡村振兴，这也是时代发展的必然要求。老房子扩建、改建的情况越来越多，建筑设计中包含的现代化元素越来越多，很好地满足了人们生活的需要。只有认真做好建筑的翻新改造工作，才能为乡村居民创造更多的价值，打下良好的物质基础。建筑功能的设计应该与传统乡村建筑功能结合起来，为村民提供更加现代化的服务。

（二）体现乡村建筑设计的整体性

在探讨未来乡村建筑的可持续设计时，必须深刻认识到这一领域是乡村经济、文化、社会等多方面复杂交织的集中体现。因此，在设计单体乡村建筑时，应避免孤立思考，需广泛考量与建筑相关联的多元因素。仅聚焦于建筑本体的设计，易陷入个人审美偏好的窠臼，即便创造出建筑美学上的佳作，也可能因脱离村民实际生活需求而失去其真正的价值。当前乡村建设领域，专业设计力量介入不足，尤其在乡村建筑设计方面，多依赖对城市建筑样式的简单模仿或乡村工匠的非专业操作，往往忽视了建筑与周边环境的和谐共生，更鲜有对上下游经济产业链的考量。因此，建筑师的真正使命在于，塑造独特的乡村风貌，深入挖掘并弘扬乡村特色，避免文化符号的肤浅堆砌，通过解决建筑相关的社会问题，激活乡村内在活力，推动乡村全面发展。乡村建筑设计应具备灵活性与包容性，建筑师的角色亦应随需而变，不设固定边界，只要设计方案符合逻辑、可持续且旨在提升村民生活质量，就应纳入乡村建筑设计的范畴。在乡村建筑设计过程中，建筑单体和其他因素同样重要，都应该体现出来。只有表现出建筑设计的完整性，才能把建筑单体和其他因素同时体现在建筑中，才能体现乡村建筑的特色。科技进步虽在一定程度上改变了人类的生活方式，但并未削弱人类对特定地域或场所的依恋，旅游业的蓬勃发展便是证明，人们越发珍视对不同地域自然与人文景观的体验。同样，乡村建筑设计亦需尊重并融入自然环境，避免盲目追求现代化而牺牲生态和谐，否则将破坏自然平衡，背离可持续发展的核心理念。理想的乡村建筑应与乡村自然景观相辅相成，共同构建独特的场所精神，体现建筑与自然、人文的完美融合，这才是乡村建筑设计完整性的真正体现。

（三）体现乡村建筑设计的美观性

建筑这一固态的艺术形态，绝非孤立无依的抽象存在，它深深根植于它所矗立的每一寸土地之中。地域的多样性赋予了建筑各式各样的面貌，峻岭之畔的徽派民居，以马头墙和粉墙黛瓦为特征；皇城根下的宫殿群，以其雄伟壮丽彰显着皇权的至高无上。每一处建筑都是地域文化独特的语言符号，共同编织出了一幅幅多彩的地域风情画卷。这种地域的差异性不仅塑造了建筑外在的形式与特征，更深层次地孕育了场所独有的精神气质，成为连接过去与现在、人与自然、人与人的桥梁。地域特色作为场所身份的重要标识，是构建认同感的基石，它让人们无论身处何方，都能在心中勾勒出那份独属于故土的轮廓，唤起最深沉的乡愁。在乡村建设的宏伟蓝图中，保留并弘扬地域特色与人文情怀成为建筑师的追求。因为建筑不仅是遮风挡雨的庇护所，更是承载人文记忆、传承文化精神的活化石。建筑师在构思与设计时，需要巧妙地融合乡村的自然风貌、社会习俗与建筑传统，力求每一个细节都能捕捉到那份能够触动心灵的场所精神。建筑材料的选择、质感的打磨、色彩的调配，皆是传递人文情感、呼应乡村灵魂的关键。建造材料、质感和色彩的结合体现了建筑设计的美观性。每个人都喜欢美，每个人都追求美，在建筑方面也是追求美感的，不论是形式还是情感，都可以通过建筑展现在人们眼前。当一个具体的颇具美感的建筑出现在人们面前的时候，那绝对是一种视觉享受；当一个融合了故乡特色的建筑出现在人们面前的时候，对人们的心理是一种冲击；当一个结合了当地环境和文化的建筑出现在人们面前的时候，人们就可以通过建筑切身感受到当地的风土人情和文化气息。可见，美观性是建筑设计十分重要的一个方面，既具有美观性又融合了当地乡村特色文化的建筑，是乡村建筑设计中成功的建筑设计，能促进乡村振兴视角下乡村建筑设计的发展。

总体而言，乡村建筑设计要体现实用性、整体性、美观性，既融入传统文化中的当地乡村建筑元素，也要跟上时代发展的步伐。只有集实用性、整体性和美观性于一体的乡村建筑设计才是未来乡村建筑设计的发展方向。

第二节　乡村建筑设计的过程

建筑设计过程作为影响建筑方案效果的因素之一，一直受到学术界的关注，主要包括设计过程中建筑师主体的思考、建筑师与业主等人的社会关系、建筑设计的各项问题要素、对设计过程进行分段研究等内容。在此首先对建筑设计过程的阶段划分进行介绍。

在建筑设计领域，国内外学者对设计过程的划分进行了深入研究，呈现出多样化的视角。学者窦德龈在其文章《建筑设计过程中的结构化方法》中，创造性地提出了设计过程的结构化理论，将设计目标视为引导过程的“引力场”，从初始条件逐步迈向既定目标，此过程展现为树形与图形等层次结构，丰富了建筑设计过程的理论框架。建筑设计过程的阶段划分并非一成不变的，不同学者及建筑师基于个人实践与研究背景，往往有不同的见解。

学者王宇洁在《纸面上的世界——建筑设计过程中的图示表达》中，聚焦于图示表达的重要性，将建筑设计过程划分为资料收集与设计问题分析、初步构思与综合分析、方案形成与验证评价三个阶段，强调了建筑设计思维与图示表达之间的紧密联系。

学者陈建军在《建筑设计过程与设计质量保证体系》中，从保证建筑设计质量的角度出发，将建筑设计过程明确为方案设计、初步设计、施工图设计三个阶段，为建筑设计质量的控制与管理提供了理论支撑。

学者田利在《建筑设计基本过程研究》中综合国内外研究成果，提出了更为详尽的七阶段划分法：设计前期工作、方案设计、初步设计、技术设计、施工图设计、施工技术指导与管理，以及使用后评估。这一模型全面覆盖了从前期策划到后期反馈的全过程。

针对乡村建筑设计，其过程更加复杂，涵盖了从目标设定到实际运营的多个阶段。一般而言，乡村建筑设计可划分为四个关键阶段：一是目标策划阶段，即确定乡村发展目标、规划方案并促成项目合作；二是调研阶段，设计团队深入乡村，进行资料收集与现场调研；三是方案设计阶段，基于调研结果提出具体设计方案；四是建造与运营阶段，包括施工图完成、进行施工及项目投入使用后的管理与评估。

建筑设计过程的多阶段划分体现了其复杂性与动态性，多元化的阶段划分方法有助于人们深入理解建筑设计过程的本质，为实践中的建筑设计管理与质量控制提供理论依据。对于乡村建筑设计而言，全面的阶段划分尤为重要，能确保项目从策划到运营的每一个环节都得到有效控制与优化。乡村建设过程涉及多个关键阶段，从目标策划的萌芽，到方案设计的精雕细琢，再到建造与运营的实践检验，每一个环节都深刻影响着项目的最终成效。在此过程中，公众的广泛参与不仅是必要的，而且是推动乡村可持续发展的核心动力。鉴于乡村环境的独特性与复杂性，确保乡村建设活动紧密贴合村民实际需求，避免供需失衡，成为乡村建筑设计过程中的首要任务。乡村建筑设计的过程可大致分为以下几个阶段。

一、调研阶段

调研阶段对于乡村建筑设计过程而言是极其重要的。通过前期的调研，建筑师可以了解乡村建筑的风格，可以与村民及工匠交流，可以更清晰地知道设计目的和设计宗旨。与城市建筑不同，乡村建筑的可塑性很大，乡村建筑设计有地域和人群的限制，是针对特定乡村地区、特定乡村人群的设计。因此，在进行乡村建筑设计时，前期调研就显得尤为重要。

（一）调研方法

1. 向乡村学习

向乡村学习意味着建筑师要从乡村那独特而富有魅力的建筑样式中汲取灵感，领悟它们是如何巧妙融合地域特色与趣味性，展现质朴而深刻的建筑质感与文化内涵的。从更深层次来看，它是向乡村工匠智慧的致敬。在乡村，建筑的诞生更多依赖于匠人的巧手与人们对自然的深刻理解，材料多就地取材。在这里，设计师的专业技能或许不再占据主导地位，而是需要与那些拥有丰富实践经验和智慧的建筑工人携手合作，共同造就乡村建筑的独特风貌。

2. 走进乡村

建筑师常被视作社会的精英，尤其是那些著名建筑师，他们的设计理念往往能引领潮流。然而，在乡村这片广袤的土地上，为乡村设计建筑的人不应仅仅被冠以“建筑师”之名，他们更像是乡村变革的“引导者”。这是因为城乡之间的发展目标有着本质的不同。村民所渴望的不是一座座令人瞩目的华丽建筑，而是一个充满温情的家园。走进乡村意味着要深入了解村民的生活需求、思想观念，乃至乡村的经济与社会现状，这是推动乡村建筑设计的不竭动力。许多改造较为成功的乡村背后都有着深谙乡土蕴味的设计师或村民的身影。设计师和农民用自己的方式诠释着对乡村的深情厚谊，让建筑不仅成为人们居住的空间，更成为文化、经济与生态和谐共生的载体。

总之，乡村建筑设计还处于试验阶段，需要建筑师的探索与学习，不同地域不同对待是设计的宗旨。很多建筑师觉得调研阶段不重要，自己的专业知识才是最重要的，这种想法其实是错误的。做任何事情之前都要先做好调研，了解清楚当地的风土人情和村民的建筑需求，这才是建筑设计的精髓所在。如果调研阶段做不好，那么后面的阶段多做多少工作都无法弥补调研阶段的失误，整个设计工作可能就会做很多无用功，达不到建筑设计的最终目的。因此，每个建筑师都应该重视前期调研阶段的工作，把前期调研工作做到极致，就能节省后面阶段的时间，后面阶段的工作也能做得更有意义。就如同“磨刀不误砍柴工”一样，前期调研阶段的工作的确是一项花费时间较长的工作，但是花费的时间是值得的，能够为后期工作做一定的准备和铺垫。

（二）参与主体的相关介绍

1. 各方价值倾向与目标

（1）公众

在调研过程中，人们发现并非全体村民都愿意参与访谈或完成问卷调查。有的村民存在疑虑，甚至对问卷内容的回答不够真诚，这主要源于他们并不信任调查人员，认为这类民意调查只是走过场，不会真正得到落实。然而，绝大多数村民仍展现出积极态度，通过面对面的交流方式坦诚地表达了他们的需求与期望。无论是改造还是重建的项目，公众关注的焦点普遍集中在安全性、生活与生产的便捷性、空间充足性，以及成本控制等实际问题上，而对那些形式大于内容、资金利用效率低的项目则持谨慎态度，希望尽量避免此类投入。积极配合的村民希望通过问卷调查表达自己的想法，希望自己的乡村能更快、更好地发展，自己的乡村也能建造出符合需求的乡村建筑。他们认为，如果不如实填写，政府就无法了解自己的想法，自己对于乡村的期望就无法实现。

（2）乡镇部门

为了加强建筑师与村民之间的沟通联系，乡镇部门通常会指派建筑师负责民意调查工作，并采取一系列协同措施，旨在鼓励村民更充分地表达其诉求，以期减轻后续工作压力。与此同时，乡镇领导也会向建筑师传达上级规划的要求与期望，这一过程往往能体现出其较为显著的指导作用。

乡镇部门扮演的是中间人的角色，连接着村民、建筑师、上级政府部门三方，可谓是非常关键的角色。任何一方有问题都需要乡镇部门来协调，因此乡镇部门要处理好村民、建筑师、上级政府部门三者之间的关系，把各方的需求和要求都传达到位。只有这样，调研阶段的工作才能取得应有的效果。

（3）建筑师

在当今乡村规划与建筑设计领域，一些建筑师以其深厚的专业素养扮演着平衡者的角色，游走于村民朴实无华的期望诉求与政府高瞻远瞩的愿景之间。他们坚信，作为专业的规划者，核心职责在于引导乡镇决策逐步转向“以村民为中心”，将空间改造视为手段而非目的，真正聚焦于探索如何构建空间以承载村民丰富多彩的生活，以及如何通过这些变革为乡村文化传承、村民生活质量提升与产业创新发展注入新活力。在这一理念的驱动下，建筑活动成为一种精心设计的载体，它要求建筑师在深刻理解村民内在需求与社会运行逻辑的基础上，进行有选择、有针对性地实施。因此，人们不难发现，许多活跃在乡村建设一线的建筑师的作品大多以公共性质的项目为主，致力于改善乡村的整体面貌并提升村民的生活质量。

与此同时，也存在另一类建筑师，他们以项目合作伙伴的身份介入乡村建设项目，其工作范畴往往受到项目资金来源的直接制约。这类建筑师的任务具体而明确，实施内容很大程度上受限于甲方（村民个体和乡镇管理部门），结果往往体现在当前乡村中屡见不鲜的“刷墙式”快速改造上。这种模式虽然能在短时间内带来视觉上的变化，但在促进乡村深层次发展与村民生活质量的提升上，其效果则显得相对有限。因此，建筑师要多与村民交流，做一个勤于说话的建筑师，真正了解村民的需求，做到“以村民为中心”。

2．公众参与的公平性和典型性

在乡村建筑设计的初期调研阶段，民意调查作为促进公众参与的重要一环显得尤为重要。鉴于乡村建设项目触及的利益群体广泛而复杂，全面吸纳所有村民直接参与存在实际困难，因此，政府机构与建筑师通常采用问卷抽样与访谈抽样等高效手段来了解民意。这一过程多以家庭为单位进行抽样，确保每个家庭至少有一名成员参与，旨在增强公众参与的广泛性与公平性。例如，通过入户调查，以家庭为基准收集详尽的数据与资料，以反映村民的真实声音。另外，为进一步深化对村民需求的了解，部分建筑师会组织全体村民参与座谈会，并分发调研问卷以收集反馈。

然而，无论是政府部门还是建筑领域的专业人士，在设计问卷与访谈内容时难免带有一定的预设框架，这可能导致收集到的信息趋于表面化。为弥补这一不足，除直接邀请村民参与外，政府部门还探索了间接且更为自然的村民参与方式，即建筑师驻守乡村，通过融入村民日常生活，进行长期观察，捕捉他们日常活动中的典型行为与习惯，使村民在不知不觉中自由表达其真实诉求。南京大学乡村振兴工作营便是一个成功范例，其成员与村民同吃同住，以细致观察和轻松交谈的方式深化研究。此外，有建筑师提议，乡村调研应借鉴社会学与人类学的参与式观察方法，摒弃问卷调查中存在的局限性和引导性。参与式观察方法鼓励规划者与村民共同生活，在轻松交谈的氛围中深入挖掘并理解乡村的真实面貌与村民的真实需求，这种方式更为灵活且能触及问题的核心，使得村民最关心的诉求和权益得到充分重视，参与的有效性也能得到提升。此外，聊天的方式比较自然，建筑师可以在与村民平常的聊天中了解到村民的想法，使其在无意识中表达自己的需求。聊天是一种比调查问卷更随意和准确的方式，值得乡镇部门领导和建筑师一试。

3. 建筑师的引导策略

在调研过程中，为了确保沟通的顺畅无阻，建筑师往往需要政府的适度支持。面对繁重的调研任务，他们可能会申请当地志愿者的帮助，以此来减少工作量；当遇到语言障碍时，则会寻求热心的村干部作为翻译桥梁。此外，依赖政府的协调力量，组织座谈会等工作将更为高效。不论资金来源如何，在建设前的调研阶段，建筑师都会将村民的意见置于重要考量之中。

针对村民可能存在的忽视态度，建筑师需明确阐述项目对村民的直接利益与责任，促使村民主动参与。在涉及拆除重建的决策时，由于这关乎村民的自建房及集资问题，单纯依赖建筑师或政府决策难以服众，一个有效的方法是设计一个需要村民手印确认的同意表，以集体意志的形式强化决策的严肃性，从而有效减少沟通阻力。

当村民的个人意愿与政府的发展规划产生冲突时，建筑师扮演的角色变得尤为关键，他们应成为两者之间的桥梁，甚至提出折中方案以平衡双方需求。以建筑师王冬在云南孟连县富岩乡大曼糯佤族文化生态区规划项目中的经验为例，该项目面临的挑战在于村民与政府对项目目标的理解差异。政府侧重于旅游发展与文化传承，强调保留佤族“茅草屋”特色；而村民则更看重居住条件的实质性改善。在此情况下，建筑师团队不仅向政府传达了村民改善住房条件的迫切愿望，强调了每栋民居改造对整体项目成功的重要性；同时，也向村民解释了政府的整体规划和长远愿景，让村民理解村落整体改善与个人利益的紧密联系。通过运用“复合”设计理念，建筑师巧妙地融合了政府与村民的不同需求，实现了双赢。

建筑师的引导作用是很大的。在村民和政府眼中，建筑师是建筑方面的专业人士，有建筑师的引导，政府和村民都更容易妥协；由建筑师出面实施折中策略，政府和村民都更能接受，可以达成调研的目的。

二、策划阶段

（一）建筑策划阶段设计流程

建筑策划指的是对策划过程涉及的各个阶段的具体工作内容与安排的明确界定，通常包括目标设定、信息获取、目标构想、目标评价四个环节。在此流程中，每个环节均被赋予了清晰而具体的目的。各流程单元之间不仅呈现出一种递进式的逻辑关系，更蕴含了逆向反馈的机制。此机制允许通过信息的有效传递与反馈，对先前的步骤进行详尽的检验与必要的修正，以确保整个流程的顺畅执行与最终目标的准确达成。

1. 目标设定

当代乡村建筑策划的首要之务是对项目目标的精准定位，这一定位扎根于项目业主，即当地村民的实际需求与期望中。在特定情境下，可能会存在业主、策划者、实际使用者及经营管理者对项目目标定位认知不一致的情况。面对这种分歧，策划者需展现出高度的严谨性，通过深入分析与综合考量，从多元的需求目标中提炼并锁定最为核心的主体目标，以确保乡村建筑建设工作能够精准对接实际需求，实现其应有的社会、文化与经济价值。

在确立目标之初，建筑师必须对区域内的村民生活现状进行深入的考察与理解，研究现存的文体设施的种类与数量，以及乡村常住人口的规模。要充分发掘和利用本土的文化财富和文化服务设施，以便更准确地把握村民的文化需求，进而确定文体设施的种类；要依据项目的服务范围和受众群体来规划设施的大小，确保它能满足村民的具体需求。在策划的初始阶段，策划者就应该对项目的功能定位进行清晰的规划，同时预留出适应未来发展的空间。

目标设定是建筑策划阶段很重要的一个环节，在做任何事情之前都要先设定目标。只有目标明确了才能为了实现目标而奋斗，寻找实现目标的方法，建筑设计也是如此。在乡村振兴视角下的乡村建筑设计中的建筑策划阶段，目标设定是非常关键的，通过目标设定可以确定乡村建筑设计的细节和定位，能更好地为当地村民服务。

2. 信息获取

建筑策划在信息搜集的过程中主要聚焦于两个维度：一个是外部条件，主要涵盖了项目的地域特色文化、建筑周围的环境，以及规划的要求等；另一个是内部条件，它聚焦于项目的核心使用人群、具体而明确的功能需求以及潜在的社会价值等多个方面。

在乡村环境中，外部条件和内部条件有各自的独特之处。其中，外部条件涉及当地的地理气候、人口结构分布、社会经济和人文环境、乡村附近公共建筑情况、政策规划等一系列内容。这些外部条件相关信息的获得既可通过现成的文献资料查找，也可通过走访村民和考察周边环境来实现。外部条件基本上是客观条件，内部条件则有更强的主观性，具体包括乡村建筑使用主体的确定，主体的行为方式、特征、需求，政府的需求，建设条件等多个方面。明确使用主体及其行为模式是当代乡村建筑策划的核心任务之一。在全面搜集与系统整理这些信息的过程中，建筑师能精准把握村民的文化水平、活动形式、价值取向、功能定位及心理诉求，从而为乡村建筑设计提供依据。

外部信息和内部信息的获取并不是独立存在的，仅仅依靠外部信息并不能完成对信息的全面收集和整理，仅仅依靠内部信息也不能完成对信息的全面收集和整理。只有把内外部信息结合起来，才能完成信息的收集和整理，才能利用这些收集到的内外部信息对乡村建筑的定位和村民的需求做出精准的分析，设计出满足村民需求的乡村建筑。

3. 目标构想

对收集的信息进行深入剖析和系统化梳理是目标构想的基础环节。依据分析梳理得出的结论来进行目标构想，既是对目标的客观阐释，也融合了建筑师的个人主观判断。作为信息搜集与建筑设计之间的桥梁，目标构想环节发挥着至关重要的衔接作用。

在乡村环境的规划与发展中，目标构想的形成并非仅由建筑师单方面主导的，其植根于村民的公共参与机制之中。这一机制的确立是乡村特殊环境背景下的必然选择与要求。

起承上启下作用的环节一般都是比较关键的环节，目标构想环节就是把获取的信息进行分析加工之后构想出目标，再将构想出的目标应用于建筑设计中。这个环节是集建筑师和村民的智慧于一体的一个环节，建筑师和村民都要予以重视，为后面的建筑设计环节打下坚实的基础。

4. 目标评价

为了确保每个阶段的工作质量，当代乡村建筑设计需要不断进行评估和修正。具体来说，需要进行系统评价的时间段包括策划工作结束后、设计工作的每个阶段完成后、建造工作结束后、投入使用前和投入使用一段时间后。相应地，目标评价也可分为建筑策划评价、设计方案评价与使用后评估三个部分。

（1）建筑策划评价

建筑策划评价涵盖多个层面，如策划内容定位是否准确，调研所收集的信息是否无误，策划流程是否科学合理和足够严谨，策划所得的预算是否与业主的投资估算相匹配，策划结论是否契合使用人群或业主的价值需求与利益诉求，等等。若某一阶段的策划结论未能达标，则需对前一阶段的策划操作进行必要的调整与优化，直至满足所有需求。

这是一个循环往复的过程，不可能一次就达成目的。因此，建筑师在建筑策划的过程中要有耐心，要对策划的内容和过程仔细评价，防止其中任何一个环节出错进而影响其他环节。建筑师在建筑策划的过程中不要怕麻烦，如果需要对上一级所做的策划进行多次修整，就要不厌其烦地做这项工作，切勿因为懒惰而省略某些工作。可能就是由这些省略的工作导致目标评价不合格，进而导致整个建筑设计无法满足村民的需求。

（2）设计方案评价

设计方案评价是指对建筑方案在设计流程中所发挥的指导作用进行综合评价。具体而言，其评价标准涵盖了多个维度：设计方案是否精准对接并满足各方业主的核心价值需求，建筑项目的最终成果是否成功达成预设目标，建筑物的功能布局是否充分满足了村民实际使用需求，以及建筑的整体风格与性质是否深刻体现了乡村地域的独特韵味与文化特色，等等。此外，对于设计方案未能严格遵守策划构想中既定要求的情况，需深入剖析其背后的原因。上述各项评价内容共同构成了设计方案评价的核心框架，旨在通过对比分析策划理论与实际操作之间的差异，为后续的设计优化与策略调整提供有力支撑。

设计方案已经考虑了实际建筑设计中可能会遇到的问题，是以建筑策划为基础的，所以建筑策划环节很重要。建筑策划环节出错会使设计方案出错，进而引起建筑设计出错，这样的连锁反应会导致后期建好的建筑不能让村民满意。

（3）使用后评估

使用后评估是指建筑在投入使用后进行的评估。通过将建筑建成后的使用状况与最开始的定位目标进行对比，建筑师可以判定当前的建筑是否与最初的目标相符合。

当代乡村建筑的评估体系的核心可归纳为结构评估与价值评估两个层面。在结构评估层面，需严格遵循安全性的基本原则，针对建筑的结构布局、所用材料的质量，以及各关键构件的技术状况进行全面而深入的审视与评估。这一环节旨在确保乡村建筑在物理结构上的稳固与安全。价值评估则以功能定位为核心导向，针对不同类型的乡村建筑，如文化、教育、居住等，分别设定差异化的内部空间规划、形式设计、结构构造、装饰风格及材料选用等标准。同时，也充分考虑建筑外部的社会环境、人际关系网络及经济产业发展状况等因素，以全面评估其对乡村社会整体发展的价值与贡献。为确保评估工作的有效性与及时性，在评估过程中一旦发现任何问题或不足，都应立即将其反馈至整个建筑策划流程中，以便为后续工作提供宝贵的参考与借鉴。此举不仅有助于提升乡村建筑设计的质量，更对于推动乡村建筑设计标准的不断完善与优化。

使用后评估这一环节与最初的目标设定相互联系，目标设定环节确定了建筑的结构定位和功能定位，使用后到底能不能达成目标设定环节的结构定位和功能定位就是使用后评估环节需要验证的问题。这个环节也很关键，虽然建筑设计工作已经完成了，建筑也已经投入使用，发现其中的问题也于事无补；但是可以通过使用后评估总结经验，为下次的目标设定、建筑策划提供参考。每次都比上次进步，乡村建筑就可以发展得越来越好。

无论是目标设定、信息获取还是目标构想、目标评价，都在建筑策划阶段起着至关重要的作用，任何一个环节都不能忽略，任何一个环节出错了，都会影响其他环节，进而影响整个建筑设计和建筑成品。因此，建筑师要重视每一个环节，把每一个环节都做到最好，只有这样才能保证整个建筑满足当地村民的需求。

（二）参与主体的相关介绍

1. 各方价值倾向与目标

（1）公众

对公众而言，积极参与家乡建设，掌握主动权、发言权与知情权，是必须做的。只有这样，才会使公众觉得自己是家乡的主人。有了主人翁意识，公众自然会在家乡建设过程中投入自己的力量。目前乡村的发展必须依靠个人主动寻求机遇，不能仅仅依赖国家的扶持，因此公众的主动参与极为关键。知识阶层能够提供智力支持，资产丰厚的企业家可以出资进行建设，而广大村民则应积极参与，共同努力改善自身与乡邻的生活，这是大家共同的期盼。只要乡村的每个人都出一份力，那么乡村的建设就会越来越好，每位村民的心情也会越来越好，更愿意为家乡的建设出钱出力。如此良性循环，村民越来越愿意为家乡贡献自己的力量，家乡的建设也会越来越好。

（2）乡镇部门

乡镇部门这一地方基层单位承担着乡村建设的重要职责，他们有义务将宏观的规划与目标面向社会公开，同时也有责任将民声反馈至上级。推动乡村进步是乡镇部门义不容辞的使命；与公众携手同行，助力公众获取必要资讯与资源，成为公众的坚强支柱，为乡村的繁荣发展寻求新机遇，则是乡镇部门的天职。可以这样说，乡镇部门就是上级政府部门和公众之间的纽带，乡镇部门的工作做得好，公众的意愿可以很好地向上级政府传达，上级政府需要公众做什么也可以通过乡镇部门传递给公众。三方沟通到位，乡村建设就能顺利进行，建设美丽乡村的目标就能更快实现。

(3) 建筑师

在乡村建设过程中，建筑师的参与方式可划分为两大类：一是受邀介入，即应乡村之邀，参与其建设规划；二是主动介入，即通过承接项目的方式，积极投身于乡村建设工作之中。在此过程中，众多规划师与建筑师展现出了高度的社会责任感与使命感，他们坚守着为乡村繁荣与发展贡献力量的初心，运用自身的专业知识和技能，投身于乡村建设的宏伟事业中。建筑师是很关键的一个角色，其责任是为乡村设计建筑，而不是根据自己的意愿进行设计，要满足村民的需求。因此，建筑师要和村民进行沟通，了解村民的需求，还要了解乡村的传统文化、地理位置、风土人情，最后要设计出符合村民要求且具有乡村特色的乡村建筑。

2. 公众参与的全面性和学习性

在项目规划初期，公众对必要信息的掌握是其积极参与乡村建设的基础，故而要先行开展有效的宣传活动，才能吸引公众的加入。宣传应面向尽可能多的群体，因为在不了解详细情况的前提下，公众很难自发地参与到乡村的建设中去。因此，需要及时、公开、无保留地发布准确信息，以激发公众的参与热情。为了扩大宣传的影响范围，传播方式应多样化，宣传渠道也应多元化，进而让公众全方位地了解发展目标和规划，这有利于他们整合个人资源。在选择合作伙伴时，通常由政府部门作为公众的代表，去寻找合适的建筑师团队或者企业进行合作。

显然，当公众对发展规划有明确了解并主动加入其中时，将有效推进项目进展。若想深度参与设计环节，公众必须对政府的工作内容有足够的认识，这就要求公众接受相关培训，学习和掌握必要的基础知识，这是确保他们能够投身乡村建设的基本要求。增强公众对家乡的归属感，并推广团结互助的理念，有助于提高公众之间的团结度。有不少乡村建设项目在广泛吸收公众意见之前对公众进行了相应的培训，并取得了良好效果。这就证明公众参与的全面性和学习性是很重要的。缺乏全面性，公众参与的效果就会大打折扣；缺乏学习性，公众参与的效果也会大打折扣。只有同时保持全面性和学习性，公众才能更好地参与到乡村建筑设计中的建筑策划阶段。

三、方案设计阶段

（一）方案设计阶段流程

1. 规划咨询阶段

在这一阶段，要按照总体规划要求，以及土地出让合同中明确的绿色建筑相关标准，对区域环境进行全面分析，并紧密围绕业主方的具体需求与项目定位，精心编制乡村建筑设计的可行性研究报告。报告旨在科学确立节能降耗的目标、绿色建筑的具体等级、技术实施路径与方案、施工过程中的控制措施、运营管理策略，以及成本核算方案，以确保项目在遵循环保与可持续发展原则的前提下，实现经济效益与社会效益的和谐统一。

2. 方案设计阶段

在方案设计过程中，设计之初就需将设计理念深植于策划之中，融合地域气候与项目特色，制定技术策略并预估投资。在此阶段，要明确节能技术与指标，模拟分析并助力星级认证。最终，通过技术图纸详尽呈现出建筑技术与细节构造，携手业主共同做好乡村建筑设计评价标识的认证与申报。

3. 施工阶段

在施工阶段，为确保施工活动的有效进行并兼顾环境保护，建设单位与施工单位需联合开展施工培训活动。培训活动将紧密围绕项目自身的特点，引导参与者提交详尽的绿色施工方案，旨在实现节能、节水、节材，以及材料的最大化利用，从而有效保护生态环境，全面落实绿色施工理念。在具体施工过程中，要进一步加大对乡村建筑设计及施工技术管理的力度，提升建筑保温隔热性能与施工安装作业的精细化水平，既要确保工程质量，又要严格遵守建筑节能指标要求。

4. 运营检测阶段

在运营检测阶段，运营方要提供一套严谨且全面的绿色物业管理方案，同时据此构建一系列与之紧密衔接的管理制度，具体包括绿色管理、建筑后评价、绿色建筑评价与标识管理、性能保险等制度。项目竣工后，运营单位将进一步优化日常运营维护工作，严格执行设备运行记录制度，并定期开展检测工作，以确保建筑的实际运行效果达到既定标准。

（二）参与主体的相关介绍

1. 各方价值倾向与目标

（1）公众

公众是设计方案的重要评价者，能够从用户视角评价其实用性，涵盖生活习惯、地方风俗与舒适度等内容，而且尤为关注性价比。作为直接体验者，公众此阶段会展现出强烈的主人翁精神，积极参与意见反馈。方案设计阶段的诉求直接关系到后面的建造和运营阶段，关系到公众的使用情况，是非常关键的，因此公众在方案设计阶段比任何时候都愿意参与其中。

（2）乡镇部门

此阶段是最受领导层重视的阶段。乡镇部门及上级领导是方案的核心决策者，需同时聚焦于公众问题的解决与宏观成效的精准调控。他们不仅要审视方案的实操性、预期成果与可推广性，还要细算投资成本、后期维护费用，并严格遵守规范。方案设计阶段是把理论落实到纸上的过程，落实到纸上之后，就要落实到实际中，因此乡镇部门及上级领导是极其重视的。方案设计出错就意味着后期的建造与运营阶段不能顺利进行，乡镇部门及上级领导都要重视该阶段。

（3）建筑师

建筑师在此阶段面临多方挑战，公众、自身与政府间的分歧需要他们去巧妙平衡。他们不仅是协调者，更是策略家，在公众与政府间灵活游走。既要遵循政府规范，又要兼顾村民低成本需求。建筑师还要在建筑细节与整体间进行微妙调整，既融入村民意愿，又坚守建筑美学；在实现乡村多样性愿景的同时，确保核心单元设计不失基本造型，展现其独特智慧与创造力。方案设计阶段的建筑师要有较强的处事能力，既要满足政府的需求，又要满足公众的需求，把设计方案做到相对最优，这样在后期的建造与运营阶段才能满足政府和公众的不同需求，为建造与运营阶段打好基础。

2. 公众参与的有效性和代表性

公众参与的有效性能够在建筑师设计的方案中体现出来。具体来说，若公众对方案的疑问与期待能够获得设计师的深度反馈，并且设计师能将公众的意见逐步整合到设计策略中，则这种公众参与就是有效的。通常，政府会组织村民参与方案讨论会，以确保公众能及时表达观点。建筑师会从专业技术角度向公众进行详细解释，以消除可能的误解，并迅速响应公众提出的修改建议。在这一互动过程中，公众意见能否产生实质性影响将直接反映公众参与的有效性。

在讨论方案的环节，尽管各家各户都有权利参与方案设计，表达个人意见，但若每家都派出一名代表，则可能导致人数众多、意见纷纭，难以汇聚共识，这对团结村民的情感并不利。因此，有必要先让村民进行内部协商，达成一致后选出村民代表与建筑师及有关领导进行交流讨论，使建筑师更容易收集到有用的信息，从而更好地满足村民的需求。例如，在杭州市富阳区的场口镇有个东梓关村，在进行本村建筑设计方案汇报时，建筑师的设想与当地村民的切实需求产生了差异。为了丰富住宅出入口的设计，以及提升街巷的立体感，建筑师决定让每家的大门面向不同方向，但村民普遍倾向于将大门朝南，也希望自己的房屋能够独立，不用与邻居共用墙体。此外，村民更倾向于拥有独立的储藏室而非车库。村民还表示不希望在住宅周围种植树木，以免遮挡阳光，影响室内采光。针对村民的这些意见，建筑设计师将设计方案修改为大门统一朝南、每户有独立墙体、在村中规划集中停车场、将树木种植在房屋后院等，使村民提出的每一项具体要求都得到了积极的响应。村民在方案设计过程中参与的有效性和代表性为项目的后续建设和管理打下基础，使后期的建造与运营都符合村民的意愿，满足村民的使用需求。例如，村民不希望共用一堵墙，但是如果建筑师建造出来是一堵墙，没有听从村民的意见，那就不符合村民的使用要求，降低了运营阶段的使用效果满意度。

3. 建筑师的引导策略

建筑师在方案设计阶段的引导也很重要，村民可能并不知道自己应该关心建筑的哪一方面，这时候就需要建筑师的引导。建筑师可以给村民提供一些选项，让他们看看自己最在意的是哪一方面，最喜欢的形式是什么样的。这样到后期时，建筑师就可以按照村民的需求进行建筑设计了；运营过程中，村民也可以按照自己的需求使用建筑，一举两得。

四、建造与运营阶段

建造与运营阶段涵盖了从方案施工图设计完成，到实地开展施工建造活动，再到村民后期使用及管护的全过程。建造与运营阶段是调研阶段、建筑策划阶段、方案设计阶段的最终结果，只有这几个阶段都完成以后才能进入建造与运营阶段。建造与运营阶段也是很关键的阶段，施工建造的质量直接影响村民的使用效果，这个阶段做不好，之前的工作做得再好，也无法将一个合格的乡村建筑展现在村民面前。

建造与运营阶段的基础是方案设计阶段，只有方案设计得符合村民要求，体现乡村特色，施工团队才能按照设计方案建造出合格的建筑，村民才能得心应手地使用。下面就建造与运营阶段的参与主体进行简单介绍。

（一）各方价值倾向与目标

1. 公众

在建造与运营阶段，针对部分村民来说，其参与任务已圆满完成，可安心静候项目验收之日的到来，以见证劳动成果。另一部分村民则在此关键时期积极把握机遇，寻得了新的职业契机，投身于监管与维护工作之中。这是建筑设计的最后一个步骤，验收合格之后，村民就可以使用建筑了，参与监管维护的村民可以验收工程是否合格，是否按照方案进行的建造。

2. 乡镇部门

乡镇部门在履行职责时，需应对来自公众、社会及上级领导的多元化期望，确保各类监督项目能够顺利推进并成功落地。乡镇部门的目标就是保证建筑设计项目能够顺利完成。在此过程中，乡镇部门要投入资金、时间和精力，否则最后的建造与运营阶段达不到方案设计的目标将是一件很麻烦的事情。

3. 建筑师

建筑师常受限于时间与距离，难以亲临现场掌控项目细节，远程指导又无法应对瞬息万变的现场状况。然而，如果在公众满意的前提下，他们亦能坦然接受适度的不可控性。建筑师的心安源自公众心愿的逐一实现。当作品最终赢得公众的认可时，那份成就感与欣慰对建筑师来说是十分重要的。建筑就是建筑师的一件作品，当这件作品被公众欣赏时，建筑师的心理需求也会得到满足。

（二）公众参与的自主性和积极性

在乡村建筑设计中，融入本土力量尤为关键。许多乡村内部都有着经验丰富的工匠，这些工匠深谙本土的建筑传统与技艺，对于地方材料的使用也了如指掌。因此，积极吸纳并动员这些有能力的村民有偿参与到乡村建筑建设中来不仅能激发乡村活力，还能促进传统与现代建造技艺的融合。例如，在松阳平田村的项目实践中，村民与建筑师携手，不仅掌握了夯土墙结合钢结构的创新技术，更在自主探索中深化了对钢结构工艺的认识，乡村施工队仅用一年时间就熟练掌握了现代建筑结构，展现出惊人的学习与进步速度。乡村的美丽与和谐离不开村民的自觉维护与监督。项目落成后，维修管护将成为全体村民的共同责任。通过培养村民的主人翁意识，乡镇部门领导能够激发村民的参与热情，让每个人都成为美丽乡村的守护者。

第三节　乡村建筑设计的原则和策略

一、乡村建筑设计的原则

（一）在地性原则

在进行乡村建筑设计时，建筑师需注重与当地自然景观、民俗风情、日常作息，以及本土文化的协调统一和相互呼应，即要遵循在地性原则。这一原则要求建筑师深入探究当地的文化底蕴，全面考量乡村的特色背景，与村民进行充分交流，并尊重村民的审美取向。

在进行乡村建筑设计的过程中，建筑师需深入掌握乡村的文化内涵，以村民的需求为中心，恪守本土化理念，开展创作活动。唯有如此，创作出的建筑艺术作品方能获得村民的认同，并与乡村的自然景观相得益彰。

（二）生态保护性原则

在乡村建设的蓝图中，乡村应坚定地秉持生态保护性原则，坚决不能以环境为代价来换取发展。应充分利用乡村的生态资源，积极倡导绿色可持续的发展模式。例如，在进行乡村建筑的规划与实施时，应采取就地取材的策略，利用周边资源作为建筑材料，这不仅能够有效降低经济投入，还能避免引发资源消耗过度的问题。

（三）参与互动性原则

村民是一个村子的核心力量，他们是构成乡村风貌的关键因素。当艺术家或创作者进行创作时，应当激发村民的参与热情，促使他们融入创作过程，加强村民与创作者之间的沟通，确保创作出的作品能够引发互动，并得到村民的认可。在进行乡村建筑设计时，建筑师应遵循参与互动性原则。

（四）文化乡土性原则

让艺术介入乡村建设的核心目的就是对乡村文化这一中华民族瑰宝进行传承

和保护。这一过程要恪守文化乡土性原则，首要任务是针对本土乡村文化进行详尽的考察和记载，并对乡村文化进行有效的维护与创新，利用文化资源推动当地经济的繁荣，防止千篇一律的竞争局面，同时为乡村的长远发展提供宝贵的信息资源。

（五）新旧共生性原则

让艺术介入乡村建设中，还要遵循新旧共生性原则。这里所说的“新”和“旧”并不是绝对的，而是相对的。“旧”并不意味着落后，它是指随着岁月沉淀，事物被赋予了时代色彩与历史气息。共生指新与旧两者虽然性质相异，但能相互交融，从而实现和谐共存。建筑风貌往往映射出其所属时代的特点，也体现了一定的地域文化。随着现代乡村居民生活质量的提高，他们对住宅的需求也发生了改变，往往需要重建。在此过程中，建筑风格易受外来建筑风格，如洋房等风格的影响，导致新建的住宅与传统的乡村景观不相协调，破坏了乡村的整体美感。在艺术融入乡村建设的过程中，应坚持新旧交融，要么在旧的基础上引入新的元素，要么在新的事物中融入旧的风格。这样，在维护乡村风貌的同时，既保留了乡村的本质特色，也满足了村民的现代化生活需求。

二、乡村建筑设计中的整体策略

当前，我国乡村建设正处于蓬勃发展的阶段。为了使乡村建筑与乡村振兴战略所倡导的“宜居、宜业、宜建”的新标准更加契合，构建一套科学的乡村建筑设计策略十分必要。下文将重点介绍乡村建筑设计中的策划与运营策略、乡村建筑设计中的在地性策略和乡村建筑设计中的低碳策略。

（一）乡村建筑设计中的策划与运营策略

1. 乡村建筑设计策划策略

乡村建筑设计策划策略的内容可以归纳为产业目标构想、空间构想、实体与技术构想、经济构想、实施保障构想五个方面。

产业目标构想是建筑项目立项与确立建筑设计目标的关键环节，这一过程根植于乡村建设所特有的产业生态之中。诚然，并非所有乡村建筑设计项目都需直接承担具体的功能，但从产业发展的角度出发对每一个乡村建设中的建筑设计项目进行细致入微的剖析与前瞻性的评估，实为一项不可或缺的工作。在当前乡村振兴战略如火如荼推进的大背景下，生活与生产的双重目标交织在一起，空间营造策略的制定更需紧密依托乡村产业转型与升级的历史性机遇与挑战。由此，产业目标构想便成了乡村建筑策划中一个独具特色且不可或缺的组成部分。

空间构想涉及对建筑物内部空间的独特性质及其使用策略的思考。它不仅涵盖了在传统规划过程中针对业主与用户需求对空间尺度的评估，还需要从环境心理学的维度来设定空间的氛围、影响使用者的空间感受，以及探索空间与人类行为之间的动态关系，以确立全面的设计目标。

在建筑的设计理念中，实体与技术构想涵盖对建筑形态、所用材料及构造技术的构想。在社会发展过程中，传统乡村建筑的形态已与村民的认知、审美标准融合成一种内在的形态语言，这是对建筑材料和构造技术的直观体现。因此，在乡村建筑策划的实体与技术构想阶段，建筑的外观特征与材料性质的融合展现出了高度的协调性。

经济构想的精准性能够直接反映建设项目在成本预算及运营管理方面的可行性，建筑师可通过对建设规模、材料及建筑形象的构想来合理控制建造成本，进而降低管理成本、创造更多盈利来维持运营。建筑项目无论是何种定位，都需要考虑其经济运营层面的问题，尤其是乡村具有公共职能的服务性建筑，其经济运营可依据实际情况进行相应的构想，但在维护管理方面必须进行详细的策划构想，从而保证建筑的可持续运营。

在乡村建筑策划中，实施保障构想无疑是一个十分特殊的存在。它不仅能确保设计方案为村民所接纳，更能顺利将项目推进至竣工。对于所有类型的建筑来说，实施保障构想始终要根植于乡村发展的实际需求。确保建筑无碍建造，赢得村民广泛认同，并依循策划蓝图运作，是乡村建筑策划成功的基石。为此，实施保障构想不可或缺，其具体涵盖政府政策激励、建筑运维优化、村民深度参与及科普宣传等环节，旨在让乡村建筑策划从蓝图变为现实，避免沦为空谈。

2. 乡村建筑运营

乡村建筑运营涵盖两方面：一方面涉及民宿、田园综合体等建筑的商业化运作，另一方面涉及村委会、图书室等公共设施的使用规范。

建筑设计阶段的乡村建筑运营应遵循以下两个原则。

（1）编制面向村民的建筑使用导则的原则

在策划阶段，先由建筑师与村民代表深入交流，共同商定对建筑功能的构想。这一构想确定后，再由村民委员会肩负起编制建筑使用导则的重任。导则内容丰富，不仅要涵盖建筑的开放时间，还要详细规定责任归属、维护措施、成本预算等各个方面的内容。为确保全体使用者对导则的认同，可在建筑落成典礼上，将导则分发至每位村民手中，并做详细讲解，所有村民均需签署同意书。此外，为确保公共建筑的日常运营和维护工作得到妥善处理，可由村民集资并专门成立维护小组，时刻进行监督。

（2）市场化运营和行政管理干预适度的原则

通常情况下，企业负责制定市场化的运营策略，而建筑师则扮演着支持者的角色，配合政府和企业理清与运营计划相对应的建筑功能。因此，建筑的运营计划在功能规划阶段就应该有初步的构想。建筑师应对市场趋势与社会期望之间的平衡有深刻的理解。如果只是简单地按照政府的宏大规划进行乡村建筑运营，而忽视市场反馈的信号和投资的合理回报，建筑将失去内在的动力，难以实现其预定的目标。相反，过度的商业化倾向则可能导致乡村的原始性质被改变，外来资本一味追求利润，与当地居民的朴素愿望产生冲突，问题不断。因此，建筑师提出的运营构想应在市场化运行的框架下，协调并满足企业的经济利益需求、政府的行政管理需求及村民的实际需求，从而精心地打造出一个三者共同受益的利益共享模式。

乡村存在各式各样的建筑物，这些建筑的运营方式也各不相同。在村民住宅的建造过程中，应以村民的广泛参与为核心，辅以政府的适当指导；涉及公共领域及基础设施的项目则主要依赖政府财政的资助，以及政府对乡村使用空间的指导；至于乡村产业相关建筑，则需企业出台更为详尽的运营方案，以确保建筑完成后的顺畅运营。

（二）乡村建筑设计中的在地性策略

1. 在地性的概念

在地性这一概念源于社会学对在地化现象的深入探讨和批判性反思，其核心在于对地域独特性的认知，以及对经济全球化的批判性审视。随着时间的推移，这一理念慢慢演变为地理学、生态学等多个学科的核心思想。在地性所追求的并非表面化的建筑视觉样式，而是要探索并提炼出建筑的内在生成规律，使之与特定场地的特性相结合，以创造出能够彰显该场地独一无二特质的建筑。

国内众多知名建筑师对在地性都有独到而深入的见解。例如，毕业于清华大学建筑系的华黎就曾以专业建筑师的视角对建筑与环境的互动关系进行了深入剖析。他认为，建筑若能与环境建立起深厚的内在联系，即可被视为在地性建筑。对于“地”的概念，他倡导一种广义的理解，认为无论是乡村还是城市，都可以是“地”的载体，关键在于深入探究其独有的自然属性、地理特征及人文内涵。

通过精准的建筑设计语言，这些核心特征应被充分体现在建筑之中，以期达到建筑与环境的深度融合，构建一个有机统一且和谐的整体。

因此，当在设计实践过程中运用在地性理论时，至关重要的是深入探究使用者的生活文化背景，准确把握其现时需求。核心指导原则是展现建筑与环境之间的天然共生关系，将构造语言巧妙地融入建筑与环境的和谐统一之中，而不是单一地追求建筑在视觉上的标志性特征。

2. 在地性设计特征

在地性设计会依托场地环境，发掘乡村独特的本土设计要素，并以这些元素为核心，构建一种区别于常规建筑模式的设计思路。可见，在地性设计的特征与场地的特殊属性之间存在着紧密的联系。接下来，我们将深入探讨以下四个在地性设计特征。

（1）原生化

原生化即在地性的原生特性，强调在特定地域中，建筑设计应充分尊重并体现该场地的原生特性与差异性。原生化强调建筑要融入地域原生特性，即要在设计中深入探索场地独特性，提炼其原生差异要素。与地域主义不同，原生化更侧重于捕捉场地细微之处，如微地貌、微气候及人文底蕴，而非简单套用宏观符号。它注重保留场地内部空间特质，并深度关怀使用者的需求与其微妙的心理变化，以此增强他们对场地的归属感和认同感。

（2）精微化

精微化是指在地性设计注重对场地内微小存在要素状态的关注。无论是衰败的社会历史与人文习俗，还是“相貌平平”的物质遗存与地形风貌，都可以作为在地性设计的逻辑起点。

（3）包容性

包容性强调对场地内存在的一切要素都给予充足的理解与尊重，并将这些不完善的原生要素作为建筑设计的根本出发点。例如，建筑师廖伟立在一条林荫道设计中，对腿脚不便的使用者的需求进行了充分考虑，在整个场地规划中设置了不同坡度的缓坡，将直线道与具有暂停作用的缓坡道有机结合起来，既保证了使用者在使用时的安全性，也从规划设计的角度化解了他们因身体缺陷而产生的尴尬情绪。

（4）持存化

持存化指在地性设计是进行时，而不是完成时。在地设计从前期调研要素的获取到建筑形态、空间、材质等与场地原生逻辑的对应，再到后期建造及对内部使用者需求的持续满足，不断化解着乡村在演变过程中出现的矛盾。整个建筑建造过程是动态进行时，而不是即兴表演似的临场应对。

3. 在地性策略在乡村建筑设计中的运用

（1）建筑与环境的在地性融合策略

在地性的内涵不只是单纯保护土地原貌或重现其特征，它强调的是建筑与土地的深度联系，要求建筑在所处的地域中深深扎根，从地域特性中吸取养分，实现自然的生长与发展。乡村建筑设计的首要目标在于追求与自然环境的和谐共存，其意在使建筑与环境相融合，同时从环境中不断汲取养分以增强自身内在活力。只有这样，建筑才能与环境建立起持久稳固的互动联系，实现与自然的共生共赢。建筑与环境的在地性融合策略体现在以下几个方面。

①建筑形体与环境在地性呼应。第一，建筑体量的消解。建筑体量即建筑的体积，涉及其在三维空间中的尺寸，即长度、宽度和高度。建筑体积会依据建筑使用功能与设计原则展现出不同的规模，并影响着周边空间环境。在乡村环境中，小型住宅占主导，大型建筑容易在环境中对人形成压迫感，同时也会给村民带来一定的心理压力。因此，在地性设计强调以尊重场地的态度融入环境，采用多种方式，如退台、错叠等，创造出屋顶平台、庭院和过渡空间等来消解大体积建筑的突兀感。采用此种建筑体量的处理手段，可实现建筑与周边环境的和谐共生与无缝对接。这将使建筑如同场地内的植被、河流一样，自然地融入环境之中，成为环境必不可少的构成元素。第二，建筑的依形就势。建筑的依形就势是指尊重建筑场地，不对建筑场地进行破坏与干扰，而是充分利用和顺应地形地貌进行灵活的适应性设计，使建筑在布局、形态、空间等多维度与自然环境和谐共生，实现建筑与自然环境的共融，进而建立深厚的在地归属感。这也深刻体现了“在地性”所遵循的可持续发展原则。

②建筑色彩对环境的在地融合。在地性设计在色彩运用上展现出了较强的包容性，常作为建筑与环境融合的关键因素，这一点异于现代主义的纯粹性追求。此类设计通过色彩的巧妙搭配，使建筑与环境紧密相连，获得了和谐统一的景致，其中采用与周遭环境相仿的色彩是常见策略。

③建筑对原有资源的在地性利用。充分利用现场的水源、植被、古迹及建筑纹理等场地资源作为设计的基石，一直是“在地性”设计所倡导的。这些资源经过长期积淀，彰显着场地的独特风貌与灵魂，是建筑师的灵感源泉，但自然资源

的多样性要求建筑设计灵活应对、因地制宜，避免模板僵化，以确保每处设计都能与场地和谐共生，如吊脚楼顺应山势、蒙古包融入草原、树屋隐于葱郁林间，皆彰显地域资源差异，映射出建筑风格的多元性。在地性设计的精髓在于尊重本土资源，建筑要以谦逊之姿融入环境，与资源和谐共生。

（2）材料与技术的在地性应用策略

①建筑材料。第一，传统材料的在地回收。城镇化浪潮下，乡村空心化加剧，废弃建筑材料堆积。这些承载着乡土记忆与历史印记的瑰宝虽常被视作废弃物，但其回收再利用不仅环保，更是对过往岁月的尊重与传承，具有深远的意义与价值。第二，传统材料的重新组合。公共建筑通常使用传统材料来建造，此举不仅经济高效，还能简化组合过程，便于本土工匠掌握。这一做法促进了对传统材料的创新应用与示范推广。第三，传统材料性能的在地优化。乡土材料具有深厚的文化底蕴，对重塑乡村传统与地域特色具有不可估量的价值。传统材料的独特属性，如低成本、易获取及非凡艺术韵味，是现代材料难以企及的，再加上新颖建造技术与手法的融入，更能激发出其无限创意与生机。

②建筑技术。第一，传统技术的在地利用。传统技术融合了被动式技术与乡村建造古法的精髓，是人类世世代代与环境和谐共生的智慧结晶，经世代匠人传承，蕴含低耗高效之妙。这些技术不仅是节能减耗的利器，更是地域特色与技术智慧有效融合的体现，彰显了本土技术的在地利用。第二，传统与现代技术的在地融合。乡村引入现代科技意在精准匹配乡村建设需求，无需额外成本，就能融合本土建造技艺与现代创新技术。此举旨在优化乡村建筑设计建造，并非为标新立异，而是注重实际效用，它不仅能强化传统材料的结构性能，更能让建筑焕发时代光彩，让村民亲身体验科技魅力，提升审美品位，共享现代文明成果。

（三）乡村建筑设计中的低碳策略

1. 低碳相关概念及辨析

（1）低碳的概念

低碳的英文为low-carbon，狭义上指较低（更低）的温室气体（以二氧化碳为主）排放，其基本含义是减少生产和生活中消耗的能源，从而减少二氧化碳的排放，缓解温室效应。随着经济的发展，植被不断减少，二氧化碳排放量不断增加，地球环境遭受破坏，“低碳”一词已经衍生为社会前沿的概念，涉及领域广泛。随着各个国家在二氧化碳会造成全球变暖方面形成共识，学者提出了“低碳经济”“碳足迹”“低碳技术”“低碳城市”“低碳社区”等一系列关于低碳的新概念，为世界走向可持续发展指明了道路。“节能”这个概念是在“低碳”概念之前出现的，但是低碳的概念与节能的概念相比，更强调在生产、建设、管理等各个环节减少二氧化碳的排放，是一种具有生态、可持续性特征的新型概念。低碳最重要的内容是在研究、开发和推广低碳技术方面充分发挥减少污染和适应气候变化的特殊作用。

（2）低碳内涵的延伸

低碳理念所衍生的低能耗与低排放概念已广泛渗透至社会、经济、景观等多个领域，其内涵也得到相应延伸，涵盖了低碳社会、低碳经济、低碳景观、低碳生活、低碳城市、低碳社区、低碳旅游、低碳理念及低碳文化等多个维度。这一系列概念的提出旨在倡导，人类在日常生活、经济活动及建设过程中，应积极采取措施以减少二氧化碳的排放，从而减轻对环境的污染，实现可持续发展。

（3）低碳与零碳

零碳是指在生产、建设、管理等全生命周期内，通过减少二氧化碳排放量，并借助植物的碳汇作用等方式对剩余碳排放进行补偿，以达成净碳排放量为零的目标。这一理念旨在将全生命周期内的碳排放量降至零，同时充分利用碳汇作用。与零碳紧密相关的概念还包括零能耗、零排放、零产碳、零含碳，以及全生命周期零碳等。与低碳相比，零碳通常针对污染较大的常规能源，如煤、气、油、柴等，要求这些能源的二氧化碳排放量必须达到零。从本质上看，低碳与零碳的最终目的是一致的，都是为了减少碳排放，保护环境。只是两者的目标参数和所采用的技术、具体手段有所不同，零碳的要求相较于低碳更为严格。

2．乡村低碳建筑设计

在建筑的全生命周期，每个阶段都不可避免地会产生碳排放，只是程度不同。其中绝大部分碳排放都发生在建筑使用阶段及建材生产与运输阶段。鉴于此，为推进乡村低碳建筑的发展，建筑师应从使用阶段与设计建设阶段入手进行低碳设计，以有效减少能源消耗。

（1）利用植物改善

乡村建筑受气候影响较大，因而优化建筑周围的微气候成为节能的关键。精心布置庭院绿植不仅能美化环境，还能在无形中调节气温，减少现代设备能耗，实现能源节约。绿色植物的蒸腾作用宛如自然界的空调，能有效降温增湿，提升环境居住舒适度。针对不同建筑类型，实施墙体与屋顶绿化策略，不仅能使建筑隔热保温，还能净化空气，减少碳排放。这些绿色设计不仅提升了建筑的功能性，更创造了层次分明的绿色景观，为乡村增添了生机与活力。

（2）空间结构与布局

建筑的空间结构与布局，如形式、朝向等，深刻影响着其通风、采光及热交换效率，而这些性能又直接关系到建筑的能耗。在乡村，通过巧妙的建筑设计，如选择南北朝向，能提高建筑的自然通风程度，进而削减空调能耗，助力碳减排。乡村建筑采用低层院落式结构，辅以天井、大进深、深出檐等设计，不仅能遮挡烈日，还促进了空间内自然风循环。除此之外，通过精细的空间规划，如设置中庭、下沉空间，并强化墙体保温隔热性能，不仅可以提升建筑的舒适性，还可以显著增强室内采光效果，有效降低能耗，展现出绿色建筑的魅力。

（3）确定建筑结构

在乡村环境中，建筑结构的差异显著影响着建筑建造及使用过程中的碳排放量。对比木、钢、混凝土结构在材料生产及运输阶段的碳足迹，可以明确乡村低碳建筑应选择什么样的结构形式，保护乡村生态。

（4）建筑材料的选用

建筑材料的选用关乎建筑过程中的能耗与碳排放，其制造与运输环节为能耗重灾区。采用生命周期法对比不同材料在乡村建筑制造与运输中的碳排放量，选用低碳材料，可助力绿色建设。

（5）可再生能源的利用

为实现低碳环保，乡村建筑可巧妙使用太阳能与地热能设备，实现能源自给，促进水循环，大幅削减电力依赖，有效降低碳排放。在有些地区，太阳能供热、照明技术已融入了低碳建筑中，引领了绿色生活新风尚。

3. 低碳策略在乡村建筑设计中的运用

起初，人类构建建筑物的目的是抵挡恶劣气候，减少外部环境对居住空间的干扰和内部气候的波动。后来，为了打造舒适的居住条件，建筑内部广泛使用了空调、电灯及热水器等设施，这些设施消耗了大量的能源，并且在运作过程中也向建筑内部排放了大量热能，从而增加了空调系统的工作量。在这种情况下，通过精心的建筑设计，我们可以构建起和谐的生态环境，进而推动建筑能源使用向低碳方向转型。在进行建筑节能设计时，首要任务是对建筑的热负荷进行有效管理，其主要包括以下三个环节。

第一，控制建筑的热负荷。对一个建筑来说，通常会有超过一半的能耗源自空调设备，其能耗负载涵盖了设备自身的热量、维护结构从外部环境吸收的热量、设备散发的热量，以及少量室内使用者散发的热量。值得注意的是，维护结构所承担的热负荷在其中占据较大比重。鉴于上述分析，为实现建筑的低碳化目标，首要任务应聚焦于增强建筑维护结构的效能，具体包括提升屋顶与墙体的降热性能。通过此类措施，人们能够有效减轻外部环境波动对建筑内部的影响，进而降低建筑的整体热负荷。此举将直接降低空调设备的能耗，从而实现固定碳源的减排，推动建筑行业的绿色可持续发展。

第二，采用被动式设计手法。所谓被动式设计手法，是指在不利用机械设备的情况下，巧妙融合自然元素调节室内微气候，降低空调能耗，进而践行绿色建筑理念的一种设计手法。它通过精妙的空间布局，既能隔绝外界干扰，又能减少设备散热，是迈向可持续未来的关键设计手法之一。

第三，采用高效设备。如今村民生活质量越来越高，各种家电在乡村中逐渐普及，涵盖电磁炉、热水器、照明设备、空调等。为实现低碳环保，乡村需引入高效设备，采用低成本、高效益的低碳方案。例如，使用发光二极管（LED）灯照明，既经济又环保；精选高效空调、厨具及供热系统，于日常使用中慢慢削减能源消耗，减少碳排放。这样一来，在维持生活舒适度同时，村民也能实现节能减排的目标。

当前新农村建设聚焦于农居改造与村容美化，却常忽视住宅物理环境的舒适性。乡村经济攀升之际，建筑能耗也因采暖、空调等设备而攀升。新建公共建筑鲜少融合节能设计，已有乡村住宅更是节能盲区。随着村民对生活质量要求的增加，他们会自行安装制冷、取暖设备，因此，住宅能耗显著提升，成为亟待解决的问题。

考虑到乡村住宅的空间特性、所处环境及建筑技术的特殊性，乡村建筑在实施节能减排措施时，应当采取与常规建筑不同的方法。首先，乡村建筑的节能和低碳策略应以被动式建筑设计为主导，辅以主动式设计策略。其次，通过空间布局优化和策略调控，灵活运用热能，辅以设备调节手段，目标是最大限度地减少设备能耗。最后，还应积极引入高效设备，以进一步提升节能减排的效果。

三、艺术介入乡村建设的具体策略

（一）艺术介入乡村周边环境建设

艺术介入乡村周边环境建设实质上是指艺术家介入乡村周边环境建设。在此过程中，艺术家应避免对原始生态环境的过度干预，而是要尊重并利用当地的地形地貌、自然植被、建筑特色等独有场所特性，实施可持续性的艺术介入策略。

例如，当乡村被环绕于众多山体中时，艺术介入不应削弱这些地貌特征，而是要将山体转化为乡村特有的视觉标志，进行创新性的表达；在拥有丰富植物资源的环境中，艺术家可以利用植物种类的多样性、花开花落的季节变化等进行艺术设计。通过这样的方式，可以提高乡村周边自然环境的美学价值，使乡村的整体空间环境层次感更加丰富。这将有助于打造出一个独具地方特色和辨识度较高的乡村。

值得注意的是，艺术介入乡村周边环境建设必须首先考虑村民的选择，毕竟艺术家与村民的观念往往存在差异。例如，对同样一条乡间小路，艺术家或许会着眼于它的独特风情，希望予以保留，而村民可能认为这条小路给通行带来不便，不希望保留。在此情形下，艺术家应充分尊重村民的观点，并对周边环境做出恰当的规划，以取得最佳的介入效果。

总而言之，在艺术介入乡村周边环境建设的过程中，艺术家应借鉴环境心理学等学科理论，将村民的需求、当地的实际状况及未来的发展方向结合起来进行考量，通过艺术与乡村文化、地域特色、景观构造的融合，打造出一个生态友好、独具魅力的乡村。

（二）艺术介入乡村内部公共空间建设

在乡村内部环境中，公共空间涵盖村口、池塘、小巷及广场等开放性区域，构成了村民从事劳作和进行社交互动的核心区域。在村里，时常会贴出涉及乡村事务的通知，但由于乡村功能区的杂乱无章，这些信息往往无法有效传达给村民，不得不依靠村干部一家一户地传达消息。引入艺术元素对乡村公共空间进行整治的目的在于消除此类功能混乱的现象。这一过程融合了生态空间与环境心理学相关理论，对公共活动区域进行了功能性的划分，重塑了乡村内部公共空间的秩序感，鼓励村民更多地参与村落管理，从而增强他们对乡村的归属感。同时，艺术与乡村的传统文化、自然景观和地方风俗相互交织，对乡村的整体形象进行了革新，提高了乡村地区的美学价值。

1. 村口

位于村落边缘的村口作为村庄与外部世界交互的首个节点，恰似乡村的一扇门扉，映射出乡村的风貌与气质。人们对于某个村落的直观印象往往都是在其村口产生的，毕竟村口常常无声地展现出村落的独特风貌和民间习俗，它无疑是村落公共领域中最为显著的标志性场所。艺术介入村口建设具体来说包括以下几个维度。

（1）艺术家介入村口建设

在全面调查和深入研究的基础上，艺术家可精心制订乡村建设规划方案，力求将艺术理念与环境整治深度融合，以达到乡村的景观创新改造和文化重塑。以甘肃省天水市秦安县石节子村为例，其村口设计巧妙地利用村口的天然崖壁作为展示媒介，将中英文的村名镌刻其上，展现出了质朴而纯粹的风格。艺术家靳勒在构想这个村口时，充分考虑到石节子村本身就是一座生动的乡村艺术殿堂，无需外在的浮华装饰，而是追求将艺术无缝融入村民生活中，让艺术成为村民生活的一种自然表达。这种理念也深深地烙印在了村口建设之中。

（2）艺术手法介入村口改造

通过借景、借声等艺术手法对村口进行改造，把乡村周边环境巧妙地融入村庄之中，这是一种独特的艺术介入策略。这样的改造旨在使村口与乡村的自然环境无缝融合，确保其与整个乡村景观达到和谐统一。

（3）艺术品介入村口空间

各类艺术品，包括雕塑、绘画、陶瓷、景观小品等，如果运用得恰当，都可以介入村口空间，这是艺术家惯常运用的一种极具代表性的艺术介入手法。

2. 巷道

巷道作为连接乡村空间的桥梁，不仅串联起了乡村的各个角落，还是村民共享的外出交通要道和活动舞台，是乡村公共空间不可或缺的元素。

艺术家在规划巷道空间时，确保巷道交通畅通无阻是首要前提，随后才是艺术的融入。艺术家可以巧妙划分公共区域，融合自然风貌与乡村文化精髓，赋予巷道独特的地域风情，让每条小巷都成为展现乡村特色的艺术长廊。例如，将乡村历史文化凝练成故事，并以彩绘等艺术形式呈现在巷道上，展现乡村文化。这样既能传承乡村历史文化脉络，又能装点田园风光，营造独特乡村韵味。规划巷道时需要融合村民的生活需求与习惯，艺术化改造应以人为本，促进巷道的实用性和艺术性和谐共生。

巷道，如生态空间廊道，兼具交通与空间分隔功能。乡村依据生态空间理论规划巷道能优化功能分区，可增加乡村各个空间的互动与联系。

3. 开放空间

作为乡村生活与交流的枢纽，乡村开放空间深刻影响着乡村文化的传播。它不仅映射了乡村的风貌与历史底蕴，还是展现地方文化风情的关键舞台，极大地丰富了村民的精神生活，增加了社群之间的联系与互动。在乡村开放空间中融入艺术元素时，要尊重并考虑村民的心理期望、实际使用需求、一贯的行为模式及乡村的文化习俗。艺术家可以利用建筑、纹饰与艺术品等艺术元素巧妙地将历史文脉融入自然景观中，构建古代文化与现代文化相交织的空间。此举旨在传承乡村文化精髓，增强村民文化自信，提升乡村辨识度，使之成为展现乡村特色与魅力的独特舞台。

广场、文化中心、露天交流区是乡村内部主要的开放空间，尤以广场最为重要。广场作为开放空间的核心，具有显著的人流汇集特征，是乡村整体环境的关键组成部分。将艺术融入以广场为代表的乡村开放空间中可以从以下几个方面考虑。

第一，对广场进行艺术改造时，艺术家需在保留乡村历史文化底蕴和地方特色的前提下，巧妙融入自己的艺术理念与建设意图。在具体实践中，可以先从细节入手，如增强健身设施的文化内涵、更新村规村牌、以文化墙为载体传递历史、设立多功能休息区及优化路灯设计等，并在此基础上融入乡村文化元素。同时，合理规划广场功能分区，将其划分为休憩、娱乐、交流及运动区域，使广场成为文化与艺术的汇聚地。

第二，在乡村环境中，村民的休闲活动相对匮乏。因此，通过艺术形式丰富村民的生活已成为乡村建设的一个重要目标。村民可在广场等开放空间开展歌舞、戏剧等表演活动，这些活动可由村民自编自演，也可以邀请外部剧团前来助兴。这样做不仅满足了村民对精神文化生活的需求，还让广场成为社交的主阵地。此外，还可以指导村民利用乡村的废弃物料，如砖石、麻绳、稻草帽、石磨等，发挥其创新才能，对这些物料进行艺术性的改造。这一活动的本质目的是推动村民投身美丽乡村建设，实现乡土文化与艺术的和谐共生。

第三，在乡村的广场或其他公共区域，我们可以巧妙地设置艺术性的景观小品，甚至鼓励艺术家根据广场的现有特色和环境进行独一无二的创作。这样的做法不仅能够自然地将艺术融入乡村的肌理之中，还能营造这些公共空间的生态文化氛围。例如，某村广场的一角有一棵古树，就可以设立一个以古树为主题的景观小品。围绕着古树，用金属或者竹子构建一个环形的座椅，座椅上雕刻不同季节的树木图案，让人们在休息的同时也能感受到乡村四季的更迭和生命的活力。这样的设计既尊重了乡村的自然环境，又为村民提供了休闲的场所，提高了乡村的活力。

（三）艺术介入乡村灰空间建设

“灰空间”是指位于内部空间与外部环境之间的过渡性区域。这种空间因其模糊性而无法明确界定内外界限，为建筑带来了独特的融合感。在建筑领域，灰空间常指建筑入口处的柱廊空间等建筑内外相互交融的部分。在乡村内部，灰空间具体涵盖了架空空间、植物空间、转角空间、外部棚屋空间等，这些空间是公共空间与居住空间之间的过渡地带。相对于公共空间的开放性和居住空间的私密性，灰空间具有半开放、半私密的特点。通过空间行为理论的指导，对灰空间进行建设，既可以保障村民的私密性需求得到满足，又能够促进邻里之间的情感交流。艺术介入乡村灰空间建设，可以让人们注意到那些被忽视的角落，使之成为激发情感共鸣的焦点，同时促进乡村社会结构与人文价值的修复与重构。

1. 架空空间

在乡村的建筑构造中，架空空间是指利用柱子等支撑起的半开放式区域，如廊道、檐下这类两面或多面没有遮挡的空间。在中国传统文化中，建筑外檐下的空间常常被用来象征主人的社会地位与经济实力，艺术家为了实现他们的愿景，会有意识地构建或改造架空空间。艺术家巧妙地将架空空间的风格、造型、材料与乡村的元素和特色相融合，使它们和谐地融入乡村的环境与文化之中。改造后的空间不仅风格与居住空间相得益彰，还使得整个空间与乡村环境融为一体，共同编织出一幅美丽的乡村画卷。

2. 植物空间

艺术在植物空间中发挥着积极的作用，能够有意识地干预植物的种类、花期及造型，从而更好地服务于乡村环境，提高乡村的审美和韵味。在乡村建设的进程中，艺术家会精心挑选适合种植的植物，并考虑其生存能力及乡村代表性。例如，在湖南湘潭这片土地上，荷花成为独特的景观特色。艺术家巧妙地将荷花作为乡村的标志性植物，通过举办荷花展、采莲藕比赛等艺术节活动，推动了乡村产业的发展。此外，他们还从荷花中汲取灵感，与当地文化相结合，设计出别具一格的景观雕塑，不仅丰富了乡村的视觉元素，还提高了乡村的辨识度。这些举措共同为乡村空间注入了艺术气息，使其更具活力和魅力。

针对乡村环境的美化，精心设计植物造型与花季、花期显得尤为重要。以广东省中山市小榄镇的菊花改造为例，艺术家通过艺术化地将不同品种、色彩的菊花组合，创新出别具一格的景观小品，极大地吸引了人们的目光。由于植物的花期各异，艺术家可以巧妙地种植不同植物，使其错开花期，使得乡村的灰空间在不同季节呈现出千变万化的植物景观。如此一来，不仅丰富了村民和游客的视觉体验，而且还极大地提升了乡村的审美情趣。

3. 转角空间

作为建筑与道路交会的过渡区域，转角空间在乡村中普遍存在。在现代乡村，那些用来连接住宅与外部道路的转角空间常常因为面积紧凑、形态不规则而被忽视。它们缺乏观赏性，又不是人流聚集地，因此常被简化为空旷的水泥地或直接闲置，导致土地资源的浪费。在未来的乡村规划中，应注重这些转角空间的合理利用，以提升整体环境质量。

将艺术介入转角空间可以起到两方面的作用。一方面，可以增强转角空间的观赏性，提高这一区域的视觉美感。例如，采用在建筑的外侧添置独特装饰品、在转角处空地修建迷你花坛、在转角区域的墙面上彩绘、悬挂自制装饰品等各种方式，来提升转角空间的娱乐性和吸引力。这一过程号召村民共同参与，以取得更好的效果。另一方面，可以发掘转角空间的功能。鉴于转角区域与居住区域相邻，我们可以将该区域改造成生活区的扩展部分，从而提升居住空间的实用性。此外，作为公共空间的一部分，转角区域连接着若干居住单元，我们可以将其转化为休闲区，配备必要的休息设施如桌椅等，便于村民出门后在此处休憩、聊天、下棋等，这有助于促进村民之间的交流，加深彼此间的感情。

4. 外部棚屋空间

在乡村环境中，经常会存在一些低矮简陋的棚屋，如柴房、猪舍、羊圈等。这些棚屋空间通常紧挨着居住空间，虽然相对比较脏乱，但也充满了独特的乡土风情。因此，当艺术家着手改造这些棚屋时，应避免大规模的翻新和建设，而只需针对棚屋的不合理布局进行适当调整，并对卫生条件进行改善，以此提高村民的卫生健康观念，助力打造更加宜居的乡村景观。此外，对于废弃不用的棚屋，也应实施再利用计划，以避免空间资源的闲置浪费。

（四）艺术介入乡村居住空间建设

乡村的居住空间是乡村空间结构的核心，也是村民对故乡情感依托的根本所在。因此，对居住空间的改善与更新在艺术参与乡村建设的过程中占据了极其关键的地位。随着城镇化步伐的加快，乡村居住空间（住宅）不可避免的受到了城市住宅风格的影响，导致许多具有地方特色的传统住宅日渐式微。村民纷纷在村里修建起与城市无异的洋房，这些新建的住宅缺失了地域特色，导致整个村庄的建筑风格趋向一致，显现出同质化的趋势。在艺术介入乡村居住空间建设的过程中，艺术家不仅要考虑到乡村的文化底蕴，还需满足村民对居住空间的具体需求。这意味着需要对受损的传统住宅外部结构进行修缮，以确保其与乡村环境和谐一致；同时，对住宅内部的不合理布局进行优化，使其更好地适应村民的生活需求。

在乡村环境中，居住空间还可以细分为家居内部空间和居住公共空间。前者可通俗理解为室内空间，后者则主要由入口区域和庭院构成。与都市中的院落相比，乡村的院落区域更强调其使用价值，它时常被用来辅助产业经营。由于本书已将庭院区域等归类为农村的外部空间，所以下面将着重探讨住宅内部空间中的艺术介入。具体包括以下三个方面。

1. 艺术家的参与介入

艺术家可被视为将艺术性注入物品、行为、环境中的人，他们的视角往往带有浓厚的个人色彩。在介入性艺术里，艺术家对住宅内部空间的构思实质上是将自身融入艺术创作的环节之中，与该空间展开对话。在这一交流过程中，艺术家打破了与住宅内部空间的单一联系，在塑造住宅内部空间的同时，该空间也给予了艺术家反馈，促使艺术家对该空间进行更深层次的反思与重构，从而实现艺术家、艺术作品、住宅内部空间的交融，使艺术家深度参与住宅内部空间设计。

2. 家居用品的艺术化改造

对于家居用品的艺术化改造，可以从多个维度进行探讨，包括家具设计、灯光布局、绿植配置、陈设品选择及空间结构优化等多个方面。

（1）家具设计

家具品种繁多，涵盖了坐具、卧具、台案、储物柜等。在住宅内部空间中，家具以其独特的空间布局功能便利了人体活动。然而，部分传统风格的家具因设计繁复、体积庞大及维护难度高等原因，难以适应现代家居内部空间的实际需求。针对这一问题，人们可以对家具进行适当改造，以适应现代住宅内部空间。例如，将传统中式拔步床进行改良，去除多余的装饰，减小体积，简化维护，打造出现代化的新中式床榻，以此满足大众的需求。

（2）灯光布局

在室内巧妙地使用各种类型的灯具无疑能创造出理想的视觉艺术效果。我们可以通过精心策划灯具的布局、形状、装饰细节，以及调整其明暗、冷暖色调，来实现对光线的细腻掌控。这样的设计既体现了审美追求，又为住宅内部空间注入了一定的艺术元素，使得灯光不仅能满足空间功能性需求，更成为提升空间格调的重要元素。

（3）绿植配置

绿植具有蓬勃的生机，无疑是住宅内部空间中最富有活力的装饰元素。我们可以通过精心挑选绿植的品种，巧妙设计其形态，精心安排其在空间中的布局，甚至深挖其背后的象征寓意，来对绿植进行艺术性的改造。追溯中国古代的住宅设计，文人雅士的书房常选用枯枝作为装饰，以此营造出独特的意境，为住宅内部空间增添了几分淡雅的气息。

（4）陈设品选择

在种类繁多的陈设品中，最具艺术魅力和象征意义的非雕塑莫属。每一件雕塑的创作都是艺术家智慧的凝聚，经过精细的工艺雕琢而成，它们承载着艺术家的思想和情感。因此，雕塑可被视为艺术的一种独特展现形式，在选择家居内部空间的陈设品时，可以优先考虑雕塑。

（5）空间结构优化

常规住宅内部空间结构往往缺乏显著的艺术元素，但对既定居住区域进行创意性的艺术转化，可以通过优化其空间结构来达成。在空间划分方面，依据空间使用行为学原理，我们可以借助屏风、立式隔断、悬挂窗帘等元素来增强空间的层次感与拓展感。同时，使墙壁的实体感与木制栅格、透空窗户的虚空感相结合，打造出空间中实与虚的对比效果。利用层次感、虚实对比、距离感等设计手法，可以使住宅内部空间产生独特艺术魅力。

3. 利用艺术手法营造家居氛围

在设计领域，艺术家能够运用多种艺术技巧来实现特定目标。例如，在家居环境的设计上，可以采用“引景入室”的策略，巧妙地借鉴室外的自然景观，将其与室内空间融为一体，从而打造出一种“由虚变实”的视觉奇观。此外，“想象空间”的运用也是家居设计中常见的一种艺术手段，这种手段指的是通过造型和色彩的运用来对空间进行巧妙的切割，人们能够切实感受这种切割，并在心中对空间布局产生联想。例如，在客厅的设计过程中，尽管客厅的整体功能区域划分并没有十分明确，但通过在沙发区使用图案各异的瓷砖或地毯，或者改变该区域的地面高度，便能在视觉上打造出一个与整体空间相区别的新空间。在住宅内部空间设计中，类似的艺术手段还有很多，每一种都能营造出独特的空间氛围。

第五章　民俗舞蹈助力艺术乡建
——以重庆地区为例

本章为民俗舞蹈助力艺术乡建——以重庆地区为例，分为四个部分，依次是重庆地区民俗舞蹈的内容与价值、重庆地区民俗舞蹈助力艺术乡建的困境、重庆地区民俗舞蹈的保护与传承、重庆地区民俗舞蹈助力艺术乡建的路径。

第一节　重庆地区民俗舞蹈的内容与价值

随着新时代的到来，乡村振兴战略的深远影响和积极成效逐渐显现，乡村的社会经济水平正在快速而有效的提升。与此同时，乡村文化发展的成果也日益在这一战略的推动下得到显现。民俗舞蹈作为乡村文化体系构建中不可或缺的基础元素，在不同地区展现出了多样化的风貌；其内容丰富多样，不仅影响着村民，而且还成了推动乡村社会整体价值提升的关键力量。

一、重庆地区民俗舞蹈的内容

（一）民俗舞蹈的内容概述

在乡村振兴的宏观背景下，舞蹈作为民族个性的展现途径，其在地区民俗文化体系中的地位较高。鉴于我国少数民族人口众多，且各自在发展历程中孕育了丰富多样的文化形态，因此乡村民俗舞蹈的种类与内容呈现出了极为丰富的特点。为此，本书特选取了若干具有代表性的民俗舞蹈种类进行展示（表 5–1–1）。

表 5–1–1　代表性民俗舞蹈

地区	民族	民俗舞蹈种类	代表作品
甘肃省	东乡族	“哈利舞”“哲兹白”	《盖头舞》《赶略略》
云南省	拉祜族	“摆舞”“葫芦笙舞”	《芦笙舞》《摆出一个春天》

续表

地区	民族	民俗舞蹈种类	代表作品
福建省	畲族	“竹竿舞”“龙头舞”	《丰收舞》《迎祖舞》
广东省	客家族	“打莲池”“铙钹花”	《莲池舞》《杯花舞》
湖南省	瑶族	“傩舞”	《跳五猖》
吉林省	朝鲜族	“农乐舞”“假面舞”“鹤舞”	《吨道啦哩舞》《簸箕舞》
云南省	彝族	“抬菜舞”	《彝族跳菜》
甘肃省	裕固族	“转转舞”	《裕固族姑娘就是我》《盛装舞》
湖南省	苗族	“鼓舞”	《猴儿戏鼓》

（二）重庆地区土家族摆手舞的内容

土家族的摆手舞，土语称“舍巴”“舍巴格资”，集歌、舞、剧、乐于一体，一般用来祭祀祖先或举行生产生活仪式，祈祷风调雨顺、五谷丰登、子孙绵延、平安吉祥。摆手舞分大摆手、小摆手两种，大摆手场面宏大、舞姿粗犷，小摆手动作轻柔细腻。摆手舞动作特点是顺拐、屈膝、颤动、下沉，雄健有力、自由豪迈、节奏明快。摆手舞既是舞蹈艺术，又是体育健身活动，有“东方迪斯科”之称。土家族在日常生产劳动中创造出了摆手舞，使其成了独特民间艺术，承载着深厚的文化底蕴，摆手舞也具有祭祀、教育、娱乐等多种方面的功能，是土家族的标志性文化形态。

1. 重庆地区土家族摆手舞的表现形式

“摆手舞”是土家族文化中的一个标志性的非物质文化遗产。这种舞蹈有着严谨和完整的表演程式，根据表演内容、规模、形式及祭祀主题的不同，可以细分为大摆手和小摆手两大类。其基础动作包括“单摆”“双摆”“回旋摆”等，而根据举办摆手舞活动时间的不同，又可进一步为其划分为“正月堂”“二月堂”“三月堂”“五月堂”“六月堂”等不同类别。

（1）大摆手的表现形式

大摆手是重庆地区土家族最为完整的摆手舞形式，其活动规模宏大，往往由数村联合举办，且每三至五年方得一见。届时，数千乃至上万民众共襄盛举，一起跳摆手舞。舞蹈的内容展现了土家族的族群起源、族群迁徙的艰辛历程、英勇抗敌的战争画面及勤劳耕作的农事活动。同时，大摆手也频繁亮相于土家族的婚礼会及地区经济文化交流重大庆典之中，它以舞蹈与歌曲为载体，生动演绎了土家族从古至今的发展历程，既是对过去的回顾，也是对当下的展现，也包括对未来的期许。因此，大摆手不仅是一项集体舞蹈表演，更是土家族民族历史的生动再现。

重庆地区土家族摆手舞的大摆手通常三年两摆，一般在农历正月初九至十一日期间举行于土家族的摆手堂内，场面宏大，气氛热烈。摆手堂的中央供奉着“八部大神”的神像，其中多数是八部大王及其配偶“帕帕”的神像。摆手堂前的广场宽敞开阔，中央矗立着一根二十多米高的旗杆，顶端装饰着一只仿佛即将展翅高飞的白鹤，而白鹤下方则飘扬着两面龙旗，迎风招展。来自不同村寨的族人根据姓氏或族房组成各自的摆手“排”，每排人数不一，但组织严密，职责分明。他们依次排列，队伍中包括旗队、祭祀队、舞队、小旗队、乐队、披甲队、炮仗队等，各司其职，共同创造节日盛况。第一列由龙凤旗队组成，旗帜由红、白、黄、蓝四种颜色的绸缎制作而成，呈三角形状，边缘装饰有鸡冠状的花边。第二列是祭祀队，由族中的长者构成，他们手持道具，执行祭祀仪式并吟唱祭祀歌曲。第三列是舞队，男女老少都可参加，他们身着节日盛装，手持长青树枝或朝筒。第四列是小旗队，每户一面旗帜，这些旗帜形状各异，色彩斑斓。第五列是乐队，他们演奏传统乐器，如镏子和摆手锣鼓等。第六列是披甲队，由年轻力壮的男子组成，他们身披锦缎，象征着力量与威严。第七列是炮仗队，由鸟铳和三眼铳组成。各队伍依次进入摆手堂，由掌堂师手持扫帚进行扫邪仪式，以高扬激越的声音对剥削者进行谴责。随后，在掌堂师的引领下，祭祀者依序庄重地跪下左膝，全体与祭祀队伍齐声高唱神歌，氛围庄严而肃穆。神歌演唱完毕，各排需依次向神明献上供品。祭祀仪式结束后，三声礼炮响彻云霄，紧接着，人们便开始翩翩起舞，现场洋溢着欢腾的气氛。在掌堂师的统一指挥下，人们随着锣鼓的节奏，动作整齐划一的变换舞步，舞姿生动、优美且协调、刚柔并济，场面壮观。

（2）小摆手的表现形式

小摆手也是重庆地区土家族摆手舞的一种表现形式，相较于大摆手而言，其规模较小，活动范围也相对有限。该活动通常每年举办一次，以村寨为基本单位，于农历正月初一至十五日期间举行。届时，各村寨的民众，无论男女老少，皆身着节日盛装，踊跃参与，共同跳摆手舞，展现土家族人民的热情与团结。小摆手活动通常在土司或德高望重的长者主持下进行，土家族人以粑粑、豆腐、团撒等传统食品为祭品，虔诚地祭祀，以表达对祖先的敬仰与缅怀。在摆手堂或土王庙前，土家族人伴随着悠扬的摆手歌声，翩翩起舞，表演内容紧贴农事生活与民俗风情，场面热烈非凡，往往持续至深夜，甚至通宵达旦。小摆手的舞蹈动作独具特色，主要包括“单摆”“双摆”“回旋摆”等基本形式，其显著特点是舞者在同边手摆动的同时躬身屈膝，以身体的自然扭动带动手臂的甩动，展现出一种质朴而又不失韵律的美感。然而，遗憾的是，除少数，如“单摆”“双摆”“螃蟹上树”“磨鹰闪翅”“叫花子烤火”“抖虼蚤”“状元踢死府台官”及一系列反映农事活动的动作（如播种、薅秧、栽秧、割谷、挑谷、打谷等）得以保留外，大部分舞蹈动作已随着时间的流逝而逐渐失传。

2. 重庆地区土家族摆手舞的类型

重庆地区土家族摆手舞所展现的内容极为丰富，涵盖了土家族人起源、迁徙历程、捕鱼狩猎、战争场景、日常生活起居等多个方面。作为重庆地区土家族传统文化的综合体现，摆手舞不仅有着独特的艺术形式，还通过其深厚的文化内涵，为其他民族提供了深入了解土家族历史、社会结构、民俗风情、民族特征及文化艺术发展脉络的窗口。因此，摆手舞被誉为土家族的“百科全书”，是全面展现土家族文化精髓的重要载体。

（1）农事舞

重庆地区土家族的摆手舞蕴含了丰富的与农业生产相关的动作，这些动作被人们统称为农事舞。此外，农事舞中还有土家族人日常生活中的动作，如“打蚊子”“织布”“挖土”“梳头发”“扫地”等。这些农事和生活性的舞蹈动作既活泼又灵巧，形式多样，充满了浓郁的乡土生活气息。农事舞主要用来庆祝丰收和展示劳动技能，它反映了土家族人的农业生产状况，并着重展现了土家族人勤奋、朴素、团结互助的美德，体现了土家族人独特的生产、生活情趣和审美情趣。

（2）狩猎舞

狩猎舞主要展现了土家族人狩猎活动的生动场景，其内容包括对各种禽兽动作的模拟。这种舞蹈重现了土家族人在原始渔猎时代的生活方式，动作包括“打猪”“钓鱼”“赶猴子”“鲤鱼标滩”“跳蛤蟆”“拖野鸡尾巴”等。通过狩猎舞，人们可以窥见土家族人为了生存与野兽搏斗的艰辛历程，它不仅带有浓郁的原始生活气息，还展现了土家族人自然、纯真而朴素的情感。

二、重庆地区民俗舞蹈的价值

（一）促进乡村艺术升华

乡村振兴战略促进了乡村经济的迅猛增长，当地村民在满足了基本物质需求之后，开始追求更好的精神文化生活。作为乡村文化艺术不可或缺的组成部分，民俗舞蹈在丰富村民精神文化方面扮演了至关重要的角色。随着乡村振兴战略的推进，村民的物质生活和精神生活都呈现出前所未有的活力，民俗舞蹈的艺术价值逐渐成为其核心所在，村民对舞蹈艺术价值的追求也在不断提升。村民用民俗舞蹈独特的肢体语言展现了自身对美的追求，将审美经验和偏好融入了日常劳作之中，从而孕育出了具有地方特色的独特舞蹈风格。这种风格在专业舞者的打磨下逐渐变得规范，形成了独特的舞蹈派系。

重庆地区土家族摆手舞作为一种独特的休闲文化形式，有着深厚的文化意义和民族特色。土家族世代居住在那些偏远而险峻的深山老林之中。在这样封闭的自然环境中，土家族人面临着诸多挑战，包括与外界的隔绝、生活条件的艰苦及与自然环境的斗争。为了应对这些挑战，他们需要寻找精神上的慰藉，以减轻生活带来的精神压力。同时，他们也渴望缓和人与自然之间可能存在的尖锐矛盾，化解内心深处的危机感和孤独感。在这种背景下，摆手舞成为一种重要的社交和娱乐方式，为土家族人提供了一个情感宣泄和人际交往的平台。在农历的冬月、腊月和正月，由于农事活动相对较少，这段时间成为土家族人较为闲暇的一段时间，他们便有充足的时间来开展摆手舞活动。摆手舞不仅仅是一种简单的舞蹈，它更是一种将体育与艺术完美结合的休闲艺术活动。它以优美的舞姿、动感的韵律、悦耳的音乐和绚丽的服装展现出了土家族独特的魅力。人们随着锣鼓的节奏，翩翩起舞，享受着舞蹈带来的旋律之美和动作之美。无论是参与表演的舞者还是观看的观众，都能从中获得美的享受，感受到身心的愉悦，从而促进身心健康的发展。如今，摆手舞不仅成为土家族文化的重要组成部分，也成了吸引游客的一大亮点。对于前来旅游观光的游客而言，摆手舞不仅是一场视觉和听觉的盛宴，更是一次深刻的情感体验。它让游客在欣赏土家族传统舞蹈的同时，也能感受到土家族人热情好客的民族风情，体验到一种与自然和谐共处的生活方式，从而留下美好的回忆并得到心情的愉悦。

与此同时，土家族摆手舞作为一种极具特色的民间舞蹈艺术，不仅有着娱乐身心的重要作用，还蕴含着娱神和娱人的双重意义。土家族人在舞蹈的过程中获得了心理上的安慰并进行了情感的释放。他们希望通过这种形式，祈求来年风调雨顺、平平安安、幸福吉祥。总的来说，土家族人通过摆手舞这种形式，巧妙地实现了自娱的目的，使得这种舞蹈不仅仅是一种艺术形式，更是一种具有文化内涵和精神文明的活动。

在乡村发展的宏观背景下，结合其实际需求，对民俗舞蹈进行简化、统一、规范及改造，使乡村形成的新生艺术形态，以及经过专业艺术加工后的艺术形态，均能在美学层面上为游客带来新的审美体验。这一过程既显著提升了原生态民俗舞蹈的艺术性和观赏性，还赋予了其更为丰富的艺术价值。在乡村振兴战略视角下，人们越发强调精神层面的发展，致力于提升村民的精神面貌与文化水平。这不仅是促进社会和谐发展的关键所在，也是构建美好家园、推动乡村建设迈向更高层次的重要路径。因此，人们应积极探索和实践，将民俗舞蹈等传统文化元素融入乡村建设中，为乡村振兴注入新的活力。

（二）助推乡村文化建设

随着乡村振兴战略的深入开展，乡村文化的重要性越发显著。其中，乡村民俗舞蹈作为本土文化的代表，值得人们优先探讨。我国民俗舞蹈根植于村民的日常活动中，它不仅反映了乡村的特色文化，还对乡村民风、村民价值观念、村规村约等产生了深远的影响。民俗舞蹈承载着民族的情感，发展出了独特的文化表现形式，成了具有鲜明地域特征的艺术。例如，朝鲜族鹤舞传承人通过给人们讲解鹤舞的历史渊源、价值和传承现状，教授人们基本动作，从而促进了这一非物质文化遗产项目的传承与发展，提高了其在社会上的知名度和影响力。土家族人崇拜祖先，相信祖先的力量，这种信仰影响了他们的生活习俗和社会风尚。在各种节日庆典中，土家族人通过举行摆祭活动和跳摆手舞来祭祀祖先，可以说这种舞蹈是土家族特有的祭祀性舞蹈。

在现代，土家族人对本家庭和本宗族祖先、神灵的祭祀活动已经蔚然成风，这种习俗被称为“敬家先”，是土家族人崇拜祖先的一种独特体现。这种崇拜不仅仅是一种宗教信仰，更是一种深植于土家族文化中的民族特色。它体现了土家族人对家族历史的尊重、对先辈的感恩，以及对民族传统的传承和发扬。通过这样的祭祀活动，土家族人民不仅表达了对祖先的敬仰之情，也加强了家族成员之间的凝聚力和民族认同感。

重庆地区土家族摆手舞对土家族人来说具有深刻的教育意义。舞蹈在唱词和音乐的配合下，重现了土家族的历史场景，传递了该民族的历史和文化精粹，同时也培养了土家族人尊老爱幼和感恩祖先的美德。参与者通过学习摆手舞，体验到了生产劳动的艰辛，从而养成了勤俭节约、勇于面对困难的习惯。摆手舞不仅展现了土家族人的高尚品质和民族风情，而且在培育土家族人的优秀品质和民族自豪感方面发挥着重要作用。该地区的学校将摆手舞纳入体育课程，有助于增强学生体质、丰富校园文化生活、培养学生良好的品质。一旦学生掌握了摆手舞，他们就可以在家庭和社会中进行推广，使人们在闲暇时间有更多的娱乐活动，从而提升村民的生活质量。

重庆地区土家族摆手舞有着深厚的文化传承价值。摆手舞作为土家族文化的重要载体，不仅是被土家族人认同的肢体语言，更是土家族人交流情感、促进民族认同的宝贵平台。土家族摆手舞是土家族的非物质文化遗产，蕴含着丰富的民族文化内涵。在教育体系中开设摆手舞课程，可以使教育成为向学生传授民族传统文化知识、保护非物质文化遗产、推动民族文化创新发展及激发民族团结精神的重要途径。文化是民族的血脉与人民的精神家园，其传承与发展至关重要。通过学习摆手舞，个体能够深入了解土家族的发展历史与文化精髓，这一过程不仅是知识积累的过程，更是对民族精神深刻领悟的过程。摆手舞作为土家族历史变迁的见证者，记录着土家族人民历经风雨、兴衰荣辱的过程，对土家族后代而言，学习这一舞蹈不仅是对祖先不畏艰难、勇于开拓的精神的传承，更是激发其弘扬本民族文化与民族精神的强大动力。民族文化的繁荣与发展是增强民族凝聚力、提升民族地位的关键因素。随着土家族文化的不断传承与创新，民族的凝聚力会得到进一步增强，人民的民族自豪感与使命感也会随之提升，会为土家族乃至整个中华民族的发展贡献力量。

显然，民俗舞蹈是构成乡村文化艺术体系的核心要素之一，在推动新农村建设及提高村民文化素养方面，它扮演了不可替代的角色。民俗舞蹈不仅是教育村民的有效手段，更是提升乡村整体价值的重要力量。

（三）推动乡村经济发展

文化旅游产业的多元化发展为乡村经济注入了更多动力，并且，其显著促进了乡村旅游新业态的创新与繁荣。作为一个多民族国家，我国拥有丰富的民俗文化资源，各乡村地区独具特色的民俗舞蹈不仅丰富了当地的文化景观，还因其独特的观赏价值成为推动地方经济发展的重要因素。在乡村振兴战略的大背景下，深入挖掘和展现各乡村的文化特色，尤其是民俗舞蹈，对于促进当地经济的蓬勃发展具有重要意义。

随着乡村旅游业的快速崛起，地域与民族之间的文化壁垒逐渐被打破，越来越多的游客被乡村独特的文化魅力所吸引，前来体验不同的文化。其中，参与或观赏当地特色的民俗舞蹈活动成为游客体验乡村文化的重要途径之一。民俗舞蹈作为文化资本的有效转化形式，为乡村旅游产业的转型升级开辟了新的道路，实现了从文化价值到经济价值的转化。在乡村振兴战略的实施过程中，政府与企业应携手合作，深入挖掘并有效利用民俗舞蹈资源，通过举办舞蹈表演、销售乡村文化演艺产品、开发文创纪念品等方式，将民俗舞蹈的潜在价值转化为实实在在的经济利益，从而助力乡村经济的全面发展。

重庆地区土家族摆手舞是一种古老的舞蹈，它将舞蹈艺术与健身活动结合在了一起。这种舞蹈源于人们的日常生活，经过世代的提炼与创新，逐渐形成了独特的艺术风格，展现出了非凡的魅力。摆手舞的舞姿既优美又柔和，节奏明快，深受土家族人的喜爱，成了一种具有健身作用的运动项目，同时也是土家族民俗文化的重要组成部分。现代摆手舞吸收了现代元素，并与旅游产业相结合。当代舞者致力于学习和传承这一民族舞蹈文化，他们能通过舞蹈展现土家族的性格与精神。这不仅让游客有机会深入了解土家族的文化，感受其艺术的魅力，还促进了不同民族之间的文化交流，加深了民族间的感情，有利于促进各民族团结。

重庆地区土家族摆手舞巧妙地将现代音乐元素与传统锣鼓之声相融合，创造出了欢快而鲜明的节奏，营造出了热烈的氛围。为了展示摆手舞的独特魅力，并便于让世界认识摆手舞、了解土家族文化，当地政府会定期举办国际、国内文化活动，并建立了乡村博物馆，推动了民俗旅游业的发展。他们还推出了以摆手舞为核心的民族文化品牌，并加大了宣传力度。通过与自然生态的结合，该地致力于发展旅游经济，同时把摆手舞作为旅游经济发展的核心，构建摆手舞文化生态经济模式，促进不同文化之间的交流。

重庆地区土家族摆手舞作为一种庄重而盛大的民间舞蹈及祭祀仪式，在其活动期间，不仅本族人会齐聚一堂，其他民族的人也会前来，使得摆手舞成为促进当地各民族间文化交流与互动的重要载体。此外，重庆地区土家族摆手舞在当地还孕育出一个庞大的消费市场，推动了旅游产业的蓬勃发展，为区域经济的持续增长提供了更多可能。

当地政府深入挖掘土家族文化精髓，提出将民族文化与旅游产业相结合的策略与具体措施，实施“文化带动战略”。他们将摆手舞推广为全民健身项目，并定期举办文化旅游节，以此吸引游客。借助当地的地理优势和传统特色，当地政府致力于构建一个生态文化旅游圈。通过科学规划和扩大景区规模，当地还建设了民族风情园、民族饮食园等旅游设施。此外，当地还开发了漂流、森林攀岩、森林旅游等娱乐体验项目，让游客深入感受自然，进一步提升了当地景观的魅力。摆手舞作为土家族文化艺术的代表，吸引了众多游客，也促进了区域文化交流和经济繁荣。当地政府通过统筹开发人文和自然景观，增强了区域旅游竞争力，一大批特色产品因摆手舞活动成功进入市场，知名度不断攀升，有的特色产品已经成了支柱产业。摆手舞作为土家族的文化表现形式，不仅促进了区域文化与经济的交流，还成了推动旅游经济和区域经济发展的新动力。

除作为一项独特的文化资产外，民俗舞蹈在其他行业领域中也扮演着至关重要的角色，是推动产业发展的一个关键要素。在湖南省张家界市武陵源区，当地政府和企业充分利用了当地丰富而优质的旅游资源，成功打造了《魅力湘西》等一系列具有特色的“夜经济”民俗演艺品牌。这些品牌不仅为游客提供了夜间娱乐的新选择，还有效激发了旅游市场的活力和潜力。白天，来自世界各地的游客可以尽情欣赏张家界那独一无二、奇美壮丽的自然风光，而到了夜晚，他们则有机会深入体验当地丰富多彩的民俗文化。这种白天与夜晚旅游活动的结合丰富了游客的旅游体验，促进了旅游消费市场的延伸和升级，为当地经济带来了新的增长点。在国家大力推进乡村振兴战略的大背景下，武陵源区以“民族歌舞”为核心，打造了一条完整的产业链。这条产业链不仅包括民俗演艺，还涵盖了与之相关的旅游服务、文化产品开发、地方特色商品销售等多个环节。通过这样的产业链，当地成功地将民俗舞蹈这一文化资源转化为经济发展的动力，带动了地方其他产业发展。这种以文化为引领的发展模式为当地村民提供了更多的就业机会，还通过增加旅游收入和相关产业的收益，对地方经济的发展做出了直接或间接的贡献。

（四）凸显乡村历史传承

民俗舞蹈生动地映射出了村民的日常生活，并通过艺术的形式存在。在推动乡村振兴的时代背景下，人们可以利用民俗舞蹈来追溯乡村的文化历史、理解村民的真实生活和情感，以及传承乡村的文化精神。这些舞蹈形式往往拥有数百年甚至上千年的历史，它们有着丰富的教育意义，展现了村民生活的本质和人类存在的根基。例如，原始人通过肢体动作来教育后代，传授生存技能和社会规范。民俗舞蹈不仅与人们的生产劳动紧密相连，也反映了人们的欢乐情绪，成了人们情感宣泄的渠道，具有重要的传承价值。重庆地区土家族摆手舞作为土家族传统民俗文化的一部分，因其独特的魅力和宏大的规模，已经与现代社会相融合，成了土家族节日庆典中不可或缺的表演项目。

世界各地每一个民族都拥有着独特的节日。这些节日不仅是该民族对历史和传统的纪念，也是对自身文化身份的一种肯定。在庆祝这些传统节日时，各个民族都会举办一系列丰富多彩的文化活动，这些活动往往蕴含着深厚的民族特色和历史意义。例如，歌舞演出、传统体育比赛等，这些都是庆典活动中的亮点。通过这些活动，人们不仅能够展示自己民族的独特文化，还能够在欢乐和祥和的氛围中抒发自己的情感，表达对美好生活的向往和追求。土家族是一个历史悠久、文化丰富的民族，他们的节日庆典活动充满了魅力和活力。在这些庆典活动中，摆手舞是土家族节日活动中最为引人入胜的表演之一。摆手舞不仅仅是一种简单的舞蹈，它还承载着土家族深厚的文化内涵和人们的情感。在过去，土家族人跳摆手舞主要是为了庆祝丰收的喜悦，祈求来年的平安和吉祥。这种舞蹈最初是一种祭祀祖先的神圣仪式，随着时间的推移，摆手舞逐渐演变成了一项深受人们喜爱的文化娱乐活动，它不再局限于祭祀的场合，而成为节日庆典中不可或缺的一部分，成为土家族文化的一个重要标志。

每一个民族独特的生活习惯、审美偏好、文化背景及精神信仰可以在民俗舞蹈中得到生动而真实的展现。民俗舞蹈不仅仅是肢体动作的简单组合，它们还承载着丰富的历史信息和文化内涵，反映了各族人民的智慧和创造力。民俗舞蹈是乡村历史得以延续的活力源泉，是乡村社会发展的精神支柱。通过这些舞蹈，游客可以窥见各个民族的过去，并感受到这些民族的现在，甚至预见民族的未来。民俗舞蹈不仅是文化传承的载体，更是推动中华民族文化复兴的重要力量，它为乡村的可持续发展提供了坚实的基础。

（五）为村民提供健康保障

民俗舞蹈蕴含多重价值，其中，体育健身价值尤为重要。在乡村振兴的时代背景下，村民体质健康问题备受关注。民俗舞蹈以其独特的强身健体功能，成为提升村民身体素质的有效途径之一。依据生理学的基本原理，身体机能遵循“用进废退”的自然规律，即长期锻炼能提升身体机能，反之，长期缺乏锻炼则会导致身体机能衰退。因此，乡村应帮助村民制订科学合理的健身规划，并将民俗舞蹈纳入其中。通过持之以恒的练习，村民可以增强体质、预防疾病，从而减少因健康问题导致返贫的风险。无论是通过系统化的训练，还是日常的舞蹈习惯的养成，只要能够长久坚持，都能为村民的健康保驾护航。

在乡村振兴的时代背景下，民俗舞蹈凸显出独特的乡村民俗风情和健康价值。村民在熟悉的旋律的引领下，全身心投入，依据音乐节奏的变化，灵活地调整舞蹈动作的方向、速度与力度，从而展现出了丰富多样的舞姿，并对身体产生了积极健康的影响。以畲族三月三传统节日为例，每年三月三这一天，畲族青年男女会表演充满古朴与欢快气息的舞蹈，其中，竹竿舞尤为引人注目。竹竿舞不仅是一项具有艺术价值的舞蹈活动，更是一项有益于人们身心健康的健身项目。它能够有效改善人体的心血管系统和呼吸系统的功能，提升肌肉力量和关节的灵活性，进而增强人体的体能和协调性。其动作轻快活泼，适合各个年龄段的村民参与，无论男女老少皆能在其中找到乐趣。此外，民俗舞蹈还对村民的心理健康产生了积极影响，能帮助村民释放生活压力。

随着经济的持续发展和生活水平的不断提升，人们的生活环境得到了显著的改善。在这样的背景下，越来越多的人开始关注自身的健康问题。全国各地正掀起一股健身热潮，人们纷纷通过各种健身活动来增强体质，希望能够延年益寿。在众多健身活动中，土家族的摆手舞因其独特的健身功能而备受关注。摆手舞是一种传统的土家族舞蹈，它的每个动作都要求舞者上下肢相互协调、密切配合。这种协调性训练有助于提升身体的协调性和关节的灵活性。长期坚持练习摆手舞，不仅可以增强舞者的节奏感，还能有效纠正弯腰、驼背等不良身体姿势，从而达到塑造优美形体的目的。此外，在预防肥胖、糖尿病、冠心病、动脉硬化等疾病方面，摆手舞也具有显著的功效。长期跳摆手舞还可以对神经系统和呼吸系统产生积极的影响。

摆手舞的动作源自日常生活，既简单又容易学习，适合所有年龄段的人群。无论是闲暇时光还是饭后茶余，只要有空地，便可以开始练习这种舞蹈。学习摆手舞不仅有助于身心健康，还能丰富社交活动。经过艺术化加工的土家族摆手舞已经演变成一种形式完美、内容健康、风格独特的民间体育项目。其简便易学的特点使其成为人们体育锻炼和娱乐健身的理想选择，长期练习还能塑造形体、改善体质。

无论是竹竿舞还是摆手舞，这些民俗舞蹈都可以让人们在音乐的配合下尽情舞动。在持续的跳动中，人们共同沉浸于欢快的氛围里，释放了生活压力，产生了一种积极向上的精神力量。

第二节　重庆地区民俗舞蹈助力艺术乡建的困境

秀山花灯是一种根植于传统民间艺术的民俗文化表现形式，拥有独特的地域韵味与浓厚的民间文化。它是集歌、舞、小戏、曲艺、杂技、吹打、仪式于一体的综合类民俗表演艺术。随着中国特色社会主义进入新时代，秀山花灯所处的文化生态环境已显著变化，包括文化形式的革新、文化信仰的重塑、文化机制的调整及文化需求的改变等多个层面。当前，秀山花灯所依托的社会基础和文化生态环境正逐步改变，这一现状对其传承与发展构成了一定的威胁。

下文以秀山花灯为例，对重庆地区民俗舞蹈助力艺术乡建的困境进行了相关论述。

一、介入形式单一

当前，在我国乡村振兴战略的实施过程中，艺术乡建作为一种新兴实践活动，正逐渐受到重视。然而，在这一过程中，人们发现了一个不容忽视的问题：部分艺术乡建项目过于注重对乡村建筑、空间布局及环境景观的重建和改造，忽视了对乡土风情的保护和传承。这种做法使得艺术乡建项目负责人在乡村景观的打造上，往往盲目模仿城市的设计风格，而在建筑、空间和景观设计上，又常常借鉴甚至复制国外的一些案例，从而使得乡村失去了其原有的特色。这种现象不仅使乡村的自然山水之美和传统乡村的风情韵味荡然无存，甚至还出现了以打造艺术乡村为名，实际上却是在进行一种缺乏对乡村本真面貌认识的建设活动，导致了“千村一面”的同质化现象。造成这种现象的部分原因在于，参与艺术乡建的艺术家和研究人员大多来自美术设计、摄影和建筑等专业领域，他们对于环境和空间的改造有着浓厚的兴趣，而对乡村产业链的优化和提升则关注较少。在他们的设计和研究中，往往倾向于使用视觉艺术的形式和手段，而较少将舞蹈、音乐、文学等其他艺术形式融入乡村环境中。这种单一的艺术视角和专业背景限制了艺术乡建的多样性和深度，导致乡村建设在追求艺术化的同时，忽视了乡村文化的核心价值和独特性。

花灯艺人作为秀山花灯的传承主体，担负着延续和发展这一传统艺术形式的责任。然而，在当今社会经济飞速发展和现代化进程不断推进的背景下，秀山花灯传承正面临着日益严重的主体流失问题，这使得秀山花灯的传承面临着断代危机。导致这一现象出现的原因主要有以下几点。

第一，乡村人口数量的持续减少是一个不可忽视的因素。自改革开放以来，大量乡村地区的青壮年劳动力选择外出打工，这种人口流动导致许多乡村变成了只有老人和儿童留守的“空心村”。乡村地区的年轻一代是秀山花灯的未来和希望，但由于他们的外出，使得秀山花灯的传统传承方式——口传身授，遇到了严重的问题。并且年轻一代在现代思想观念的影响下，对秀山花灯这一传统艺术形式产生了距离感，他们往往不愿意学习和参与花灯表演。

第二，传承主体的结构失调。首先，传统技艺的传承主体正面临严峻的老龄化问题，多数代表性艺人年过半百。尽管这些资深艺人怀揣着满腔热情，但体力的不足使得他们难以继续传承花灯艺术，这使得秀山花灯艺术面临失传的风险。年轻一代的艺人缺少花灯制作的原始经验，难以独立承担起组建一个花灯班的重任。并且老一辈艺术家在选择徒弟时往往很谨慎，使得技艺的传承变得艰难。即便花灯表演的形式得以保留，其原有的民俗特色和韵味却已大打折扣。其次，传承主体的知识结构普遍较为薄弱，他们大多来自乡村，受教育程度不高，传授方式单一，主要依赖传统的口传身授，缺乏对文化内涵的深入理解。这种状况导致了文化传承的断层和秀山花灯艺术意蕴的流失。

第三，花灯艺人的表演收入得不到保障。秀山花灯的表演收入并不稳定，无法成为花灯艺人唯一的经济来源。因此，大多数花灯艺人会在家中务农或在附近工作，利用闲暇时间参与花灯表演，以此赚取一些额外的收入。由于秀山花灯的收入不稳定，它作为一种生计方式对人的吸引力逐渐减弱，导致人们不愿意全身心地投入花灯行业。这种现象使得真正愿意并能够长期致力于花灯艺术的人越来越少。

艺术乡建设的重点在于通过改造乡村公共空间环境，以创造出现代化的空间。这与人们过去以地方文化要素为改造主体的观念有着显著的差异。受到现有艺术乡建形式、城镇化观念及审美标准的影响，部分艺术家与本地村民倾向于借助现代艺术设计等艺术手段对乡村进行艺术化改造。然而，这种倾向导致了人们对民俗舞蹈艺术价值的忽视，仅将其视为活跃乡村氛围的手段，进而造成了艺术乡建形式与审美发展的滞后、创新力不足及同质化。

二、社会力量参与不足

在实施乡村振兴战略的时代背景下，艺术乡建作为一种实践活动，旨在推动乡村经济、文化及乡风的全面发展。在这一过程中，艺术乡建特别强调了民间舞蹈的群体性参与，这意味着在推广和实施过程中，不仅要凸显艺术家的个人才华，更要确保活动能够符合广大民众的行为习惯和参与逻辑。换句话说，艺术乡建应当是一种全民参与、全民共享的文化实践。然而，就目前的实际情况来看，尽管民间舞蹈在乡村的开发和推广中扮演着重要角色，但相关政府部门仍然占据着主导地位，发挥着决定性的作用。相比之下，舞蹈社会组织、文娱公司及其他社会力量在这一过程中的主动性和积极性尚未得到充分发挥。这种依赖政府主导的模式，可能会限制民间舞蹈的多样性和创新性，从而影响其在乡村社会中的传播范围。

以秀山花灯为例，这种民间表演艺术在很大程度上依赖政府的扶持和资助。然而，这种依赖性也导致了其对经济效益挖掘的忽视。由于缺乏足够的经费支持，传承人往往不会主动策划和开展相关活动。这种现象反映出民间表演艺术与经济之间的关联性被割裂，完全依赖政府扶持的模式，实际上是一种“授之以鱼”的短期行为，无法使秀山花灯形成一个完整的文化生态链，实现可持续的自我发展。

与地方文化旅游业相关的政府部门在民俗舞蹈融入艺术乡建的进程中扮演着举足轻重的角色。然而，我们也必须正视其在专业领域内的局限性。这种局限性在艺术乡建项目后续经营中可能引发资金缺口风险，进而威胁到艺术乡建项目的可持续性发展。此外，鉴于乡村地区的地理位置，政府在调配舞蹈专家与学者资源时面临诸多挑战。这些专家与学者往往身兼数职，如大学教师、公务人员等，本职工作较为繁重，这就导致其在乡村地区开展舞蹈编排与教学活动的时间不充裕。这一状况制约了民俗舞蹈在乡村地区的发展，使得民俗舞蹈难以在技术上实现创新与突破。

除此之外，尽管文娱企业能够弥补政府的不足，但它们会更加关注资源的配置和自身的利益。而专业民俗舞蹈团队也通常由于缺乏有效的管理、发展规划和推广策略，很难充分利用其潜在优势。因此，乡村地区迫切需要构建一个由政府、企业和舞蹈社会组织共同参与的多元化支持体系，以促进民俗舞蹈的全面发展。

三、助力方式粗放

艺术乡建是一种将艺术家的专业知识、技能和创造力融入乡村发展建设中的新建设模式。艺术家通过参与乡村的文化挖掘、生态修复、艺术改造及产业提升等活动来改善乡村的经济状况和人居环境，从而促进乡村的全面发展。然而，在当前阶段，民俗舞蹈作为艺术乡建的一种方式，其助力手段相对简单粗放，产业效益并不乐观，难以实现可持续发展。

第一，民俗舞蹈蕴含着巨大的发展潜力，但在构建民俗舞蹈产业的文化品牌方面，人们的认识尚显不足。在艺术乡村建设过程中，民俗舞蹈相关的文化旅游商品和纪念品的设计同样面临难题。目前，市场上缺乏既形象生动又具有代表性的品牌化、大众化及具有特色的旅游名片，这些名片能够展现不同乡村的独特形象。因此，提升这些旅游名片的知名度成为乡村发展的当务之急。

第二，从乡村振兴的发展背景方面来看，乡村民俗舞蹈的发展目前仍处于较为初级的阶段。当前，在民俗舞蹈助力艺术乡建的过程中，相关产品的开发模式与融合方式主要局限于较为普遍的、具有高度观赏性的歌舞表演形式。这种现状会导致多数游客对民俗舞蹈本身缺乏深刻印象，进而未能在相关行业激发消费者的消费潜力。

第三，民俗舞蹈与旅游业的结合还不够紧密，对文化创意的关注度不足，且其在丰富性、复杂性上均有提升空间，导致游客难以长时间驻足体验。多数景点在半天至一天内即可游览完毕，而民俗舞蹈表演更是在短短一小时内就可结束。这种相对单一的服务模式，不仅不利于旅游产业链的延伸，还造成了相关资源的浪费。同时，民俗舞蹈难以充分激发游客对当地文化的探索兴趣，游客难以深入领略其中的美学价值及背后的内涵，从而难以留下深刻印象。

总之，民俗舞蹈产业在转型过程中面临的挑战主要归因于缺乏全面系统的总体规划与顶层设计的支持。从宏观视角来看，该产业尚未构建出一个完整且成熟的产业链条。就现有产业链结构而言，其分布状态呈现出一定的不均衡性，未能有效促进各环节间的相互协作与综合发展。

四、价值理念存在偏差

艺术乡建作为一项自上而下的实践活动，为了将其理论构想转化为实际可见的乡村建设成果，必须依托于民俗舞蹈这一源自乡村本土的艺术表达形式。然而，当前的民俗舞蹈在艺术乡建的过程中仍遭遇了一些思想观念层面的阻碍，主要表现为对民俗舞蹈价值理念的认知存在偏差，这一偏差限制了民俗舞蹈多元化作用的充分发挥。这种价值理念认识偏差体现在多个参与主体之中，包括负责推动民俗舞蹈活动的政府部门、致力于艺术创作的艺术家、参与投资与运营的企业，以及作为乡村主体的村民等。

在过去，秀山花灯之所以能在民间得以长期流传，部分原因在于由当地“花灯会”成立的民间花灯班拥有一定的经济基础。这些花灯班可通过表演来赚取报酬，维持生计。然而，随着时代的发展，公众的价值观念和娱乐偏好发生了转变，导致秀山花灯的受众逐渐减少，花灯班的经济来源也在逐渐减少，许多艺人不得不放弃传统表演。为了使传承主体能继续进行他们的传承工作，有关单位就必须解决他们的生计问题。

民众对秀山花灯的需求度与认同感是保证其有效传承的核心驱动力。然而，随着社会经济的发展和现代文明的影响，秀山花灯正处于民众态度淡化的大环境下，这种文化认同感的削弱，对秀山花灯的保护与传承构成了巨大的威胁。秀山旅游业的蓬勃兴起，虽为当地带来了经济上的繁荣，但也使当地涌入了大量外来文化。这些外来文化对当地人的价值观念与审美观念产生了深刻影响，进一步加剧了秀山花灯的边缘化发展趋势，其原有的生存空间遭受侵蚀。此外，乡村传统风俗与礼俗的消逝也不容忽视。乡村以人为核心，以礼俗为精神支柱，村民重视家族血缘与地缘关系，对宗族与祖先怀有深厚的敬畏之情。秀山花灯作为节庆礼俗与祭祀仪式的重要组成部分，对于维护村落稳定、延续传统文化具有不可替代的作用。然而，现代社会的发展导致乡土伦理关系发生了较大变化，风俗与礼俗逐渐淡化甚至消失。外出务工人员与求学人员的长期离家，使得亲戚邻里间的交往减少，传统礼俗的影响日益衰弱。这使得每年的祭祖仪式与相关活动难以组织。

执行主体的价值取向和思想观念对民俗舞蹈活动的开展具有显著影响。例如，艺术家倾向于强调民俗舞蹈的艺术价值，认可民俗舞蹈所具有的主观色彩，却忽略了民俗舞蹈的地域特性；村民由于科学文化教育和艺术素养的限制，往往将民俗舞蹈与当地某些相关仪式联系起来，对表演者的身份信息有一定要求，导致他们对舞蹈的艺术价值认识不足，很难真正投身艺术乡建中来；企业则主要关注民俗舞蹈项目的投资能否获得丰厚收益。这些认识上的偏差削弱了民俗舞蹈在助力艺术乡建方面的潜力，导致艺术乡建缺乏自下而上的积极回应和反馈。

第三节　重庆地区民俗舞蹈的保护与传承

艺术乡建旨在借助审美力量重塑乡村的礼俗秩序与伦理精神，激活村民的内在动力，进而推动乡村的经济与文化发展。艺术在这一过程中所扮演的角色远不止于其本身的艺术价值，它是一个关键的切入点，可以为乡村振兴提供多维度的支持。民俗舞蹈作为艺术乡建的一个重要组成部分，其成功实施需要各参与主体深入理解其独特属性，并评估其对乡村建设的影响。

民俗文化不仅反映了大众的精神文化需求，而且蕴含着丰富的内涵。其文化价值在于它能够将娱神、自娱与市场机制相结合，激励全民参与。实现这一目标的途径多种多样，包括利用民俗节日活动让民众亲身体验民族文化，以及根据时代的发展特征对传统文化进行改造和补充，如增加娱乐内容，完善商品性工艺品制作过程等。

下文主要以重庆地区接龙小观梆鼓舞和铜梁龙舞为例进行相关论述。

一、接龙小观梆鼓舞的保护意义与价值

（一）接龙小观梆鼓舞的保护意义

非物质文化遗产承载着民族的记忆和精神，是构建和谐社会、实现人与自然和谐共生的重要内容。它不仅是人们坚持以人为本、坚守民族之根、牢记回家之路的关键，更是促进经济和社会全面、协调、可持续发展的有力支撑。非物质文化遗产的保护和传承，对于维护文化多样性、增强民族认同感具有不可替代的重要作用。

在重庆这片充满传统韵味的土地上，接龙小观梆鼓舞以其独特的魅力，成了一张展示地方传统文化的闪亮名片。作为民族文化的重要载体之一，接龙小观梆鼓舞不仅具有鲜明的地域特色，还蕴含着丰富的民间文化内涵。在舞蹈动作上，接龙小观梆鼓舞总结出踏、踢、跳、扭、转、靠等动作，这些动作既体现了劳动人民的智慧，也展示了艺术的高超境界。接龙小观梆鼓舞不仅是一种艺术形式，更是一种文化的载体，它在加强区域文化的交流、传承和弘扬方面，发挥着不可估量的巨大作用。

然而，随着岁月的流逝，那些掌握着纯正接龙小观梆鼓舞技艺的老艺人相继离世，使得这种珍贵的非物质文化遗产的传承变得越发困难。面对这一严峻的现实，保护和传承接龙小观梆鼓舞的工作已经迫在眉睫，不容忽视。重庆地区的政府充分认识到了这一问题的紧迫性，借着打造重庆地方文化品牌的契机，加大了对非物质文化遗产保护的资源投入，加强了组织和管理工作，以确保这一深受百姓喜爱的传统文化能够代代相传，生生不息。

（二）接龙小观梆鼓舞的保护价值

接龙小观梆鼓舞作为巴渝文化中的一种民族民间表演艺术形式，其独特之处在于将巴渝地区的民间打击乐器与舞蹈完美融合，展现了该区域民族文化的深厚底蕴与人文观念。此艺术形式是巴渝地区文化根基、文化认同及文化融合的直接体现，也是研究该地区文化发展的重要活体样本。

1. 美学价值

接龙小观梆鼓舞无论是在动作的设计、队形的安排上，还是在音乐伴奏的编排上，都蕴含着丰富的中国传统美学思想。在动作设计方面，接龙小观梆鼓舞既展现了大气之美与灵秀之美，又巧妙地融合了刚劲有力与柔和细腻的元素，达到了刚柔并济、平衡和谐的艺术境界。对整体性和和谐性的追求使得接龙小观梆鼓舞在表演中呈现出一种独特的美感。在队形安排上，接龙小观梆鼓舞强调流动规律的运用和空间构造的巧妙安排，使得动作之间的衔接流畅自然，首尾呼应，形成了一种动态的美感。从音乐伴奏的角度来看，接龙小观梆鼓舞的音乐抒情优美，旋律悠扬动听，为舞蹈动作提供了较为完美的背景。舞蹈本身清丽欢快，充满了活力和动感，展现了舞者高超的技艺和对美的追求。在服饰方面，接龙小观梆鼓舞的服装地域风格浓郁、色彩鲜艳、图案精美，与舞蹈动作和音乐伴奏相得益彰，共同营造出了一种浓郁的文化氛围。道具的使用也是接龙小观梆鼓舞的一大特色，它们不仅增强了表演的视觉效果，还富有象征意义，与整体的表演风格相协调。接龙小观梆鼓舞不仅展现了当地人民传统的审美追求，还体现了他们别具一格的生活情趣，具有较高的美学价值。

2. 艺术学价值

接龙小观梆鼓舞是一种集多种艺术形式于一体的综合性表演艺术。它所包含的艺术门类已经相当多了，可以对其进行独立研究。在接龙小观梆鼓舞中，乐曲和舞蹈是其主要成分，这两者都具有极高的艺术价值。乐曲中蕴含着丰富的民间音乐元素，其曲调及唱词内容大多源自巴渝地区的民间歌曲。同时，这些乐曲还吸收了周边少数民族的民间音乐元素，内容较为丰富。乐曲的旋律优美，节奏变化丰富，风格多样，既适合叙事性表达，又适合描绘变化的情绪。这些特点使得接龙小观梆鼓舞乐曲成为音乐爱好者发掘优秀传统音乐、吸收素材营养并进行创作的宝贵资源。接龙小观梆鼓舞的基本动作虽然不多，但其组合动作的编排形式却多种多样，队形各式各样，舞姿语汇丰富，舞姿优美，舞台表演形式独特。这种表演艺术不仅展现了舞者的技巧和力量，还通过队形和舞姿的变化，传达出了丰富的情感和故事。接龙小观梆鼓舞的表演者通过精心编排的舞蹈动作，将巴渝地区的文化特色和民族精神表现得淋漓尽致。

3. 民俗学价值

接龙小观梆鼓舞是一种植根于巴渝地区传统民俗文化之中的艺术形式，它主要在春节、元宵节及其他重要的农历节日进行表演。这种独特的艺术形式已经成为该地区春节等传统节日庆祝活动中不可或缺的一部分，其承载着吉祥和祝福的文化内涵，成了传播和弘扬巴渝地区传统文化的重要载体。巴渝地区的节庆文化和民俗活动为接龙小观梆鼓舞的繁荣发展提供了肥沃的土壤，使得这种艺术形式在时间的长河中依然保持着旺盛的生命力。与此同时，接龙小观梆鼓舞也成了巴渝地区春节迎春民俗活动的重要支撑，是展现巴渝地区节庆吉祥文化的重要表现形式之一。

接龙小观梆鼓舞的艺术表现形式与地方民俗文化的延续之间存在着相互促进和交融的关系，两者互为支撑，共同实现了巴渝地区文化的繁荣。每当春天来临，万物复苏，人们总是对新的一年充满美好的希望和憧憬。为了表达这种情感，人们喜欢通过各种热闹和喜庆的方式来寄托自己的美好愿望，而接龙小观梆鼓舞的演出正好满足了人们的这种情感需求。通过这种独特的民俗风情展示，接龙小观梆鼓舞不仅为人们带来了欢乐，还在研究巴渝地区各民族人民的民俗文化、生活习惯和精神文化方面具有不可估量的价值。

二、铜梁龙舞的保护与传承

铜梁龙舞作为民间艺人对传统文化的创新与发展成果，其生存现状正经历着城镇化加速与经济全球化趋势加强的双重挑战。因此，如何加强对铜梁龙舞的保护与传承工作，已成为亟待社会各界深入思考与共同研究的重要议题。

在时代变迁的浪潮中，铜梁龙舞的持续发展也面临着巨大的压力与挑战。如何有效保护铜梁龙舞，以及如何将龙舞文化、龙舞艺术、制龙技艺等宝贵文化遗产进行传承与弘扬，值得人们认真研究。

首先，政府在非遗的支持与保护中扮演着至关重要的角色。鉴于当前国家对非物质文化遗产保护与扶植力度的不断加大，当地政府在积极促进传统文化未来发展的过程中，应尤为关注以下几个方面的问题。

①铜梁龙舞的宣传力度有待加大。当前宣传内容主要集中于龙舞活动本身，而在铜梁龙灯彩扎艺术、龙舞价值及龙舞文化等方面的宣传则显得不足。此外，当地政府还应充分利用电视、报刊、互联网等多种宣传工具，对铜梁龙舞进行整体性包装与推广，以使其产生更广泛的经济与社会效益。

②关于铜梁龙舞的书籍资源匮乏。现有书籍大多仅聚焦于龙舞表演层面，而对于舞蹈艺术、文化著作的鼓励与主动传播，亟待当地政府的大力扶持与推动。

③当地政府应确保将铜梁龙舞相关产业的财政拨款、训练与参赛经费，以及专业舞蹈团队的培养经费等纳入其支持范畴，以确保其持续发展。

④当前，该地区政府在明确铜梁龙舞技法及其制作工艺传承人的问题上尚未形成系统性安排，管理制度仍需进一步完善与提升。

其次，对于铜梁龙舞的“原态”应有更好的保护与传承，如进行“就地博物馆式”保护；放开、放大龙舞的宣传模式，通过各种“展”带动文化的传播、文化教育的深入；不要只停留在简单的“文化状态”中，要以“展”带“销”，跨越界限，让文化走向市场，铜梁龙舞的衍生产品、传统的工艺品、都将在文化传导之下进入市场，吸引大众，以促进该地区的经济大繁荣；衍生产品发展得好，铜梁龙舞的专业发展和学术发展就会得到一定的保障，再加上行业的提升，铜梁龙舞自然会产生广泛而积极的影响。

最后，铜梁龙舞不仅能够在文化传承上发挥重要作用，还能在经济和社会发展中发挥更大的作用，成为重庆市乃至整个国家的文化名片。在铜梁龙舞的持续发展与传承中，人才培养与保护非常重要。除了先前提到的政府的支持，提升铜梁龙舞人才队伍的素质同样不可或缺。其一，龙舞队伍应致力于降低成员流动率，通过提升队伍的稳定性逐步创新和发展艺术技艺。其二，增加对龙舞文化研究的资金投入。其三，负责龙舞教学的核心骨干队伍需要扩充。其四，龙舞文化产业的从业者队伍需要吸收专业技术人才。

第四节　重庆地区民俗舞蹈助力艺术乡建的路径

在中国几千年的文化发展过程中，龙舞文化是不可或缺的一部分。铜梁龙舞地属巴渝，位列重庆十大民间艺术之首。铜梁龙舞与其他中国龙舞相比较，既有共同的文化内涵，但又受到不同的自然环境、不同的社会环境和不同的文化环境的影响，从而形成了独具巴渝文化和艺术特色的舞蹈形式。

因此，下文以铜梁龙舞为例，对重庆地区民俗舞蹈助力艺术乡建的路径进行了相关论述。

一、打造特色民俗舞蹈村寨，促进艺术乡建多元发展

在乡村振兴的时代背景下，如何巧妙融合区域的自然景观、风土习俗与人文情感，充分挖掘并展现其独特魅力，进而在此基础上重构并塑造出兼具创意与个性的乡村艺术环境，是一个值得关注的话题。基于此，艺术乡建的实践路径必须深植于本地风土人情的沃土之中，依托人文传统的深厚底蕴，以乡土文化为根本支撑，使乡村成为艺术表达的鲜活载体。艺术家通过艺术手段对乡村进行活化与重塑，让艺术之魂深植乡村肌理，实现了艺术与乡村的和谐共生与相互赋能，共同孕育出了具有鲜明地域特色与文化个性的地方文化空间及艺术景观。

民俗舞蹈作为舞蹈艺术的一个分支，不仅展现了艺术与当代社会的互动频率、深度和广度，还反映了民众对中国社会发展变迁的艺术性回应。它是中国发展特征在舞蹈艺术领域的一种体现。在打造具有特色的民俗舞蹈村寨时，乡村民俗博物馆可以作为一个关键的切入点，深入挖掘和展示地方文化，推动特色乡村的发展，并将其融入乡村振兴战略中，以优化对这些乡村的保护和展示工作。为了构建一个以民俗舞蹈为特色的旅游目的地，当地政府必须利用当地独特的民俗舞蹈资源来吸引游客。游客通过参与民俗舞蹈活动、体验舞步，以及通过设计一些简单的动作训练和演出体验，能够更深入地了解一个陌生的环境。如果仅从旁观者的角度去理解舞蹈，那么与舞蹈产生共鸣和进行互动的机会就会大大减少。

在构建蕴含民族风情的民俗舞蹈集群之际，有关单位务必加强舞曲的创作与推广工作，将地域性的民族舞曲元素融入旅游景点的硬件设施规划中。此外，当地政府需全力推进舞蹈文化产业的发展，精心策划具有鲜明地方特色的舞蹈主题旅游纪念品，确保游客在游览中沉浸于浓厚的民俗舞蹈文化氛围之中。特色民俗舞蹈乡村的打造有助于强化艺术乡村的地域标识性，维护原生自然环境的完整性，保持本土文化的独特风貌，凸显村民的主体地位。在建设特色村寨的过程中，应以乡村风貌与精神内核的彰显来激发艺术乡建的持续发展动力。

在重庆地区，铜梁龙舞作为一种传统的民间艺术表演形式，虽然在当地具有深厚的文化底蕴和广泛的群众基础，但在与商贸流通、旅游观光等产业联合的一体化发展方面，目前还存在一定的不足。具体来说，铜梁龙舞的演出活动与旅游、

纪念品的融合还不够充分，未能形成规模化的产业链。为了进一步发展铜梁龙舞艺术，当地政府需要在“展示特色”上下功夫，对其进行深入的发展建设。

当地政府可以借鉴其他地区的成功经验，如海南黎族、苗族的“三月三”文化节，该节庆活动不仅传承了当地的文化，还通过各种形式将文化的特色对外进行了展示，从而使产业、文化、艺术深度结合。在重庆地区，当地政府也可以将铜梁龙舞与旅游、观光、节庆相结合，通过各种形式的展示活动，让更多的人了解和感受铜梁龙舞的独特魅力。在注重龙舞文化在本地全面普及的同时，人们还应该注重龙舞文化的产业发展。通过以“展”带“销”的模式，全面促进龙舞衍生产品，如工艺制品、服装饰品等的销售传播。此外，当地政府还可以通过举办各种龙舞比赛、节庆活动，吸引更多的游客和文化爱好者前来参观和体验。通过这些活动，游客既可以欣赏到精彩的龙舞表演，还可以购买到与龙舞相关的各种纪念品和工艺品，从而带动当地经济的发展。同时，这些活动也可以为村民提供更多的就业机会，进一步推动铜梁龙舞艺术的传承和发展。

当地政府应当加大对民俗博物馆的建设力度，并且对现有的民间艺术和民俗活动进行详细的记录和展览。在这方面，可以通过成立专门的机构来对铜梁龙舞文化进行有效的保护和传承。例如，可以设立“龙灯文化发展公司”“铜梁龙舞艺术团”等专业机构，这些机构将专注于铜梁龙舞文化的保护和推广工作。当地政府需要完善相关的政策文件，统筹规划文化工作，在科学布局和整体规划的基础上，合理调节行政区域与行业部门之间的资源配置状况，确保资源的合理利用和配置优化。通过充分发挥和利用公共文化示范建设和龙舞文化产业的带动作用，创建一批具有多种功能的文化数字服务平台，为公众提供丰富的文化资源和便捷的服务。当地政府还应保护并开发一批具有一定影响力和文化底蕴的文化历史旅游景区，扶持与发展一批具有竞争力和当地特色的龙舞文化相关产业，进一步提升地区文化影响力和吸引力；还应加快完成龙舞文化配套设施的改造与建设，完善龙舞文化产品和服务体系，全方位地提升地区公共文化服务水平。

民俗舞蹈在艺术推广过程中反映出了乡村艺术的发展程度。它不仅打破了当前由现代建筑、设计等艺术形式所主导的艺术乡建格局，还创新性地开辟了一条以舞蹈为核心的艺术乡建实践路径，为实现艺术乡建的多元化发展提供了有力支持（图 5–3–1）。

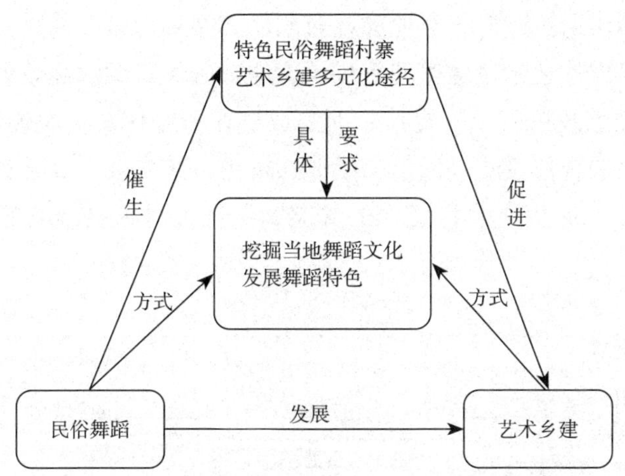

图 5–3–1　民俗舞蹈村寨助力艺术乡建多元发展

铜梁龙舞文化产业应充分利用中国崇龙传统进行发展。随着社会的不断进步，龙的形象已逐渐淡化了神秘色彩，开始与艺术审美领域相融合。因此，铜梁龙舞文化产业的发展应重视于其娱乐功能，以满足社会日益增长的需求；应将文化产业与经济发展相结合，策划吸引投资的项目，以促进文化产业的发展；利用现代科技对龙灯彩扎工艺进行创新，并与动漫产业融合，发展创意产业，提升市场竞争力。此外，还可以开发具有铜梁龙舞特色的纪念品，增强其市场吸引力。在铜梁龙舞文化产业与旅游业紧密结合后，为了扩大市场，当地政府可以尝试开发安居古镇、巴岳山温泉等旅游景点，通过人文景观辅助旅游产业发展，同时让旅游产业促进人文景观发展。当地政府还可以与文化艺术院校合作，深入挖掘铜梁龙舞文化的艺术价值，研究并开发具有独特性的铜梁龙舞文化产品，不断扩大市场份额。

二、推进各方主体协同共建，聚合民俗舞蹈资源

随着乡村振兴战略的深入推进，艺术乡建在形式、机制及效能等多个方面都呈现出日益多元化的趋势。因此，在推进民俗舞蹈发展的过程中，人们不能仅仅将其视为一种简单的艺术实践，而应该从外部“输血”式和内外协调式的双重视角出发，强调外部力量的积极参与和内部力量的全面提升；打破传统的思维定势，即仅仅依靠政府单一主体来开展民俗舞蹈助力艺术乡建的思维，构建一个“政府—企业—社会组织—村民”四位一体的民俗舞蹈发展体系。通过这种方式，乡村可以聚合更多的社会资源投入民俗舞蹈领域中，从而使民俗舞蹈成为助力艺术乡建并促进乡村发展的有效途径。当外部力量参与到民俗舞蹈领域里时，人们应

该以村民为中心，通过政府、企业和社会团体等多种力量，构建一个由政府、企业和社会团体组成的艺术乡建管理组织。这能够确保资源的高效整合，使得民俗舞蹈的发展不依赖政府的单一支持，而是通过多方合作，实现资源的优化配置。通过这种多元化的合作模式，民俗舞蹈能实现可持续发展，同时也能够更好地满足村民的实际需求，促进乡村文化的繁荣，保证乡村振兴战略的有效实施（图5–3–2）。

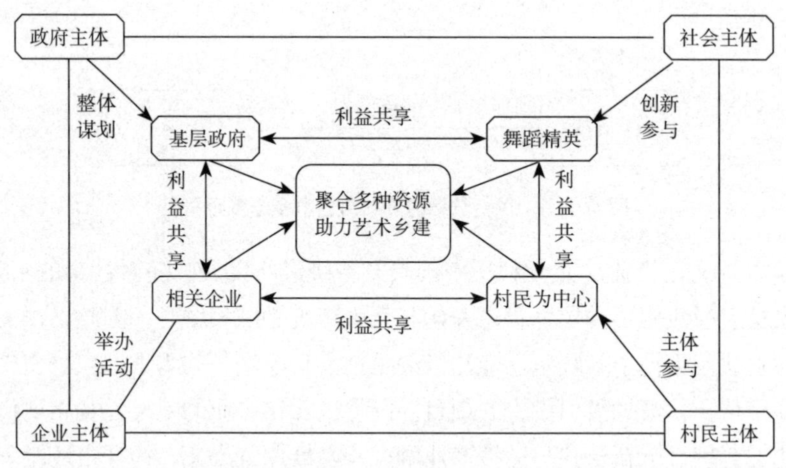

图 5–3–2　民俗舞蹈资源聚合助力艺术乡建

从现实角度来看，重庆地区铜梁龙舞在科技创新领域的发展相对滞后，其文化产业与现代科技的融合尚存在进一步开发的空间，并且，铜梁龙舞传承主体也缺乏足够的创新意识；其在现代声控、光控技术的运用上，尚需提升，尚未建立起具有强大创新能力的龙舞文化产业科技企业。相比之下，如上海、湖南等地的龙舞队伍在服装道具方面展现出了更高的水平，这些队伍通过不断翻新道具龙的形态与色彩，并根据比赛项目灵活选择适合的道具与演出服饰，使得“龙”与人之间呈现出高度的和谐感，给观众留下了极其深刻的印象。

此外，相比龙舞“套路”的发展与创新，人们应更加注重龙舞编排的系统性，将编排工作与文化的传承、艺术审美紧密结合，以充分展现龙舞的文化艺术价值。同时，可以探索将铜梁龙舞的舞蹈技艺与武术、体操等教学内容融合的方法，如引入武术中的旋风脚、腾空习脚、腾空外摆连等动作，以及体操中的支撑、旋转、空翻等技巧，以此对铜梁龙舞进行花样与难度上的创新，创编出具有新意的龙舞。

具体来说，可以从以下几个方面入手。

第一，当地政府应全面优化民俗舞蹈的开发工作。在此过程中，当地政府需将发挥民俗舞蹈的多元作用、提升民俗舞蹈综合价值作为核心任务，并综合考虑民俗舞蹈的多层次性、多要素性及多主体参与的特点，以推动民俗舞蹈与其他艺术形式的深度融合，共同促进艺术乡建的发展。

第二，应当致力于创新民俗舞蹈的社会参与机制。具体而言，乡村需要构建一个多主体利益共享的机制，以确保政府、企业和民俗舞蹈社会组织之间的和谐关系，建立起一个平等互信的沟通平台。在此基础上，人们应当积极整合民俗舞蹈资源，充分利用当地的舞蹈精英，结合乡村的典型事件，创造出具有鲜明特色的舞蹈作品，以此带动更多人参与其中，使民俗舞蹈成为村民文化生活中不可或缺的重要角色。这些积极参与的村民不仅推动了乡村文化的繁荣发展，更在民间舞蹈的创作与传承方面发挥了关键作用，为乡村营造出了浓厚的艺术氛围。

第三，要使民俗舞蹈能够深度融入艺术乡建中，构建独树一帜的民间艺术风貌。鉴于当前村民在艺术素养、艺术知识及实践经验上的不足，他们都需要借助一定的外部力量进行活动参与，包括艺术家、企业、政府及社会组织等。只有当一个外部主体与内部主体相联系时，民俗舞蹈才能更加高效地整合人力、物力与财力资源，从而推动本土民俗舞蹈的蓬勃发展。

三、彰显民俗舞蹈文化艺术价值，激发产业经济活力

艺术乡建的经济性是确保乡村振兴的关键因素之一。因此，在通过民俗舞蹈产业推动艺术乡建的过程中，乡村必须兼顾民俗舞蹈相关产业的经济潜力和村民的直接经济需求。为了发展民俗舞蹈产业并增强其可持续性发展能力，从而推动艺术乡建发展，人们不应只关注其经济层面的发展，而应致力于保持并传承舞蹈的核心价值，注重挖掘和弘扬文化的价值，提高村民的审美水平，并从文化艺术的角度强调民俗舞蹈产业发展的内在价值（图 5–3–3）。

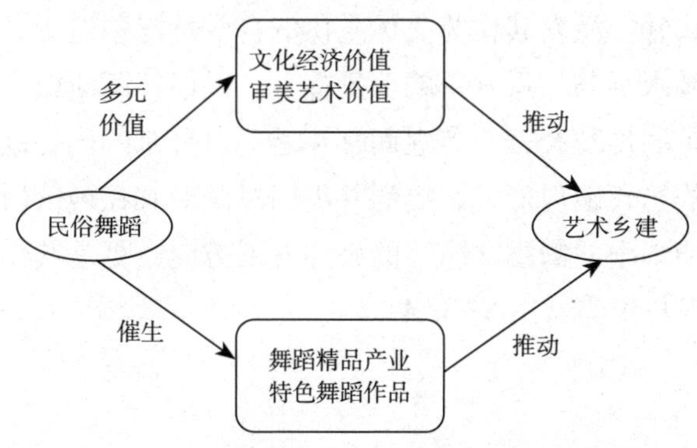

图 5–3–3　民俗舞蹈文化艺术价值助力艺术乡建

在民俗舞蹈产业化的进程中，涌现出诸多新颖、独特的舞蹈。然而，在琳琅满目的“产业新品”、繁复绚丽的舞台效果的背后，真正能够深入人心、令人难以忘怀的精品却少之又少。究其根本，还是因为对民俗舞蹈本身价值的忽视，以及对传承方式的轻率态度。此种状况导致乡村在发展过程中过分追求经济利益，忽视了民俗舞蹈的文化内涵，进而造成了民俗舞蹈与其深厚根源的割裂。因此，民俗舞蹈的产业化进程必须坚守各地区的文化精髓，在满足市场多样化需求的同时，不忘初心，将民俗舞蹈视为文化传承的宝贵财富，精心打造具有深厚文化底蕴的产业精品，赋予舞蹈产业旺盛的生命力，吸引源源不断的游客，进而提升乡村市场变现能力。

此外，民俗舞蹈产业的吸引力与影响力深受其创造主体审美水平的影响。民俗舞蹈在历史的长河中不断发展，深刻展现了各地独特的文化魅力。在这一过程中，村民逐渐形成了对民俗舞蹈的独特认知与期待，实现了对民俗舞蹈理解与评价的深化。历经数百年积淀的审美价值体系不仅具备理论上的指导意义，更在实践中展现出了一定的现实意义。对于一支产业化的民俗舞蹈而言，若要赢得游客的青睐与认可，必须紧密贴合其审美期待，遵循美学规范，运用舞蹈语言塑造民俗舞蹈文化形象，进而成为传递审美价值的媒介。游客的审美是推动产业营利的关键因素。人们易受视觉与情感的驱动，一支“赏心悦目”的民俗舞蹈能够吸引更多游客驻足观赏。因此，以“美”为核心，打造具有观赏性、独特风格与市场竞争力的民俗舞蹈，是舞蹈产业成功的重要基石。

四、提升村民民俗舞蹈参与意识，宣扬乡村文化

民俗舞蹈是一种源自村民自娱自乐及参与社会实践的艺术形式，有着能体现当地文化与村民生活的功能。在艺术乡建的过程中，乡村致力于引导村民丰富对民俗舞蹈价值的认知，激发其作为文化主体的自觉性与创造力。乡村文化的全面振兴依赖村民精神水平与物质水平的双重提升。民俗舞蹈所蕴含的社会功能与乡村振兴的核心诉求高度契合，二者之间存在着不可分割的内在联系。因此，构建并强化民俗舞蹈的当代表现形式，唤醒并巩固村民对其在地价值的广泛认同，不仅是民俗舞蹈作为本土“舞蹈文脉”的必然发展方向，更是其作为村民生活中主流娱乐形式的责任与担当（图 5-3-4）。

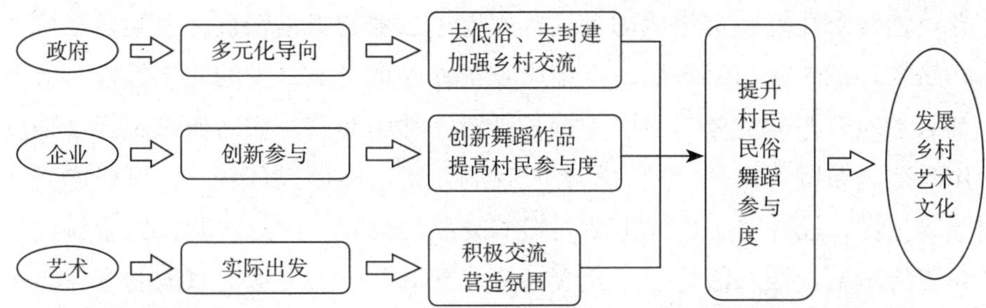

图 5-3-4　村民民俗舞蹈参与意识提升助力民俗舞蹈发展

在我国，龙舞的传承主要有两种途径：首先是群体性的自发传承，其次是通过家族或师徒间的口耳相传。龙舞的编排和舞蹈技巧均呈现出一种“人存艺在，人去艺亡”的特点。这种状况显然不利于铜梁龙舞的持续发展与进步。因此，解决人才短缺问题的关键在于同时注重“基础”与“核心”两个方面。对于“核心”人才的培养，当地政府应当利用专项基金，为那些技艺精湛的传承人提供支持与帮助，解决他们的生活难题，以便他们能够继续传承濒临失传的铜梁龙舞文化。政府对铜梁龙舞“核心”人才的扶持是至关重要的。铜梁龙舞作为地区文化中独一无二、不可替代的文化品牌，当地政府应当将其视为创意源泉、当地地方标志及推动经济增长的动力，从而大力扶持铜梁龙舞的核心团队。此外，当地政府还应组织相关团体，系统地收集、整理与铜梁龙舞相关的民间艺术，并建立详尽的档案资料，进行分类管理，实施有针对性的保护措施。这将有效促进铜梁龙舞核心技艺的传承与保存。

文化的发展可以与学校的素质教育相结合，将铜梁龙舞融入学校特色教学之中，就能使其在中小学生中得到广泛的普及。通过这种方式，让当地的学生从小就能够了解龙舞，热爱龙舞，并学习龙舞。为了夯实铜梁龙舞的教育基础与宣传基础，当地政府需要进行“铜梁龙根”的大力培养，从而从源头上强化铜梁龙舞文化的发展与传承。同时，其还需要加大现有的铜梁龙舞文化建设力度。

一是建立铜梁龙舞对外交流网站，加强与民众的互动，收集民众对铜梁龙舞的反馈意见，以便更好地改进和推广。二是组织专家著书立说，广泛收集关于铜梁龙舞文化的传说、谚语等，以完善铜梁龙舞文化的文本。三是可以在当地乡村中植入铜梁龙舞文化元素，通过各种方式展现其地区的龙舞文化特色。例如，龙舞文化造型的雕塑。四是打造龙舞文化精品节目，如恢复安居古镇的龙舟会、保持元宵龙灯会等。这些活动不仅能够使村民接受持续的文化、艺术刺激与熏陶，还能让文化与艺术陪伴并贯穿当地人的一生。五是根植于当地文化土壤，开展“全民共舞”的群众性舞蹈文化活动，这既体现了艺术的美学特征，也彰显了村民对艺术的热爱。在内容与形式层面，企业应充分尊重当地村民的文化偏好与审美取向，聚焦于地方舞蹈文化的深度挖掘与创新。具体而言，应对传统民俗舞蹈进行现代化改造，保留其精髓，剔除不合时宜的元素。在形式创新上，可汲取当地传统舞蹈的精髓，设计符合村民生活习惯的舞姿与舞步。同时，紧密结合村民日常生活与节庆活动，融入流行音乐元素，打造既适合户外又适宜室内的多样化舞蹈形式，将原本作为观众的群众转化为积极的参与者，共同发展民俗舞蹈。在内容创作上，应聚焦于乡村地区与红色主题，以新时代的劳动生活为蓝本，通过舞蹈这一艺术形式，讲述生动的乡村故事，传递正能量。促进全球范围内不同人群之间的文化交流与互动，增强彼此间的情感联系。六是政府应当秉持多元文化的理念，努力消除传统舞蹈中的庸俗与封建的元素，根植于多民族、多文化并存的现实背景，积极吸收民间舞蹈，以此推动多元文化的深入交流与融合。在评估成效时，政府应着眼于促进乡村社会和谐、平等发展，致力于引领乡村迈向更加和谐美好的未来，并营造出一种健康、积极向上的乡村艺术氛围。七是艺术家需坚持从实际出发，主动与村民进行沟通与交流，在充分理解乡村现实状况与民俗舞蹈艺术特征的基础上，充分发挥其艺术才能与创造力。

参考文献

[1] 马晓磊．视觉语言在甘肃传统村落艺术乡建现代化进程中的实践表现研究[M]. 北京：海洋出版社，2023.

[2] 李晓夏．数字化背景下乡村治理与乡村建设研究[M]. 北京：中国商业出版社，2023.

[3] 张永琴．乡村发展背景下西部地区美丽乡村建设研究[M]. 北京：九州出版社，2023.

[4] 赵鸭桥，王静，陈蕊，等．乡村振兴与乡村人才建设[M]. 长沙：湖南人民出版社，2022.

[5] 钟祥虎．乡村振兴战略下的乡村文化建设研究[M]. 北京：新华出版社，2022.

[6] 杨国杰．乡村振兴背景下乡村景观规划设计与创新研究[M]. 北京：中国纺织出版社有限公司，2023.

[7] 刘艳蓉．中国乡村文化艺术与乡村振兴发展探究[M]. 长春：吉林人民出版社，2020.

[8] 方李莉．艺术介入美丽乡村建设：艺术家与人类学家对话录[M]. 北京：文化艺术出版社，2017.

[9] 官晓蓓，赵坤，吴志锋．数字化艺术赋能乡村公共空间的耦合机理和路径探索：以福建省为例[J]. 时代经贸，2024，21（2）：166-169.

[10] 汤智涵，张安华．艺术乡建：功能价值、问题现状与发展策略[J]. 百色学院学报，2024，37（1）：105-111.

[11] 任泽雨．中国式现代化视阈下艺术乡建在乡村振兴中的实践策略研究[J]. 商丘职业技术学院学报，2024，23（1）：70-77.

[12] 张钰媛，宋吉骜，贺久桓．艺术乡建视域下包装设计的应用探究[J]. 美术教育研究，2024（4）：97-99.

[13] 蔡建军，罗崇鑫．新媒体艺术助力乡村建设[J]. 艺术市场，2024（2）：78-80.

[14] 王舒啸．考量艺术介入乡村建设成效的三种维度 [J]. 齐鲁师范学院学报，2024，39（1）：111-116.
[15] 宋婷．乡村振兴战略背景下艺术设计与乡村建设的融合路径 [J]. 鞋类工艺与设计，2023，3（23）：79-81.
[16] 刘莹．艺术乡建背景下乡村文创产品“在地化”设计策略研究 [J]. 绿色包装，2023（12）：191-194.
[17] 谢逸凡．艺术乡建视角下推动长江流域非遗舞蹈传承与发展的策略 [J]. 艺术教育，2023（12）：132-135.
[18] 王凤华．公共艺术介入乡村建设的思考 [J]. 西北美术，2023（4）：104-108.
[19] 李张利佳．艺术乡建影响下小洲村空间活力分布特征及其景观重构研究 [D]. 济南：山东大学，2023.
[20] 江雨．乡村振兴视域下艺术介入乡村文化空间建设研究 [D]. 福州：福建师范大学，2023.
[21] 魏宛君．艺术助力乡村文化建设的创意思考：以关中鄠邑区蔡家坡忙罢艺术节为例 [D]. 西安：西安音乐学院，2023.
[22] 雒梓帆．艺术乡建：以景德镇浮梁县田园装置设计为例 [D]. 南京：南京林业大学，2023.
[23] 张璐．艺术文化空间融入旅游型乡村的设计研究 [D]. 重庆：重庆工商大学，2023.
[24] 张之琳．鲁中南地区文旅项目在艺术乡建中的实践路径研究 [D]. 北京：中国音乐学院，2023.
[25] 王菲．乡民艺术与审美治理：以甘肃省张掖市花寨乡为中心的考察 [D]. 兰州：兰州大学，2023.
[26] 鲍彦达．艺术媒介化：艺术参与乡村文化建设的实践与省思 [D]. 重庆：西南大学，2023.
[27] 苏传凤．艺术介入乡村环境建设路径研究 [D]. 湘潭：湖南科技大学，2022.
[28] 张子豪．艺术介入乡村的背景下关于地方 IP 形象设计的研究 [D]. 广州：广东工业大学，2022.